Aristide GANGPENDE

Interações entre inundações e doenças relacionadas com a água no Chade

Aristide GANGPENDE

Interações entre inundações e doenças relacionadas com a água no Chade

Um estudo em meio urbano: o caso do distrito 7 da cidade de N'Djamena

ScienciaScripts

Imprint

Cover image: www.ingimage.com

This book is a translation from the original published under ISBN 978-620-6-71905-2.

Publisher:
Sciencia Scripts
is a trademark of
Dodo Books Indian Ocean Ltd. and OmniScriptum S.R.L publishing group

120 High Road, East Finchley, London, N2 9ED, United Kingdom
Str. Armeneasca 28/1, office 1, Chisinau MD-2012, Republic of Moldova, Europe
Managing Directors: Ieva Konstantinova, Victoria Ursu
info@omniscriptum.com

Printed at: see last page
ISBN: 978-620-8-60525-4

Conteúdo

Um estudo dos riscos sanitários ligados à água num meio urbano: o caso do 7º bairro *da cidade de N'Djaména"*

distrito da cidade de N'Djaména".

Epígrafe

"Somos médicos com referências espaciais, médicos de pessoas no seu ambiente de vida.
no seu ambiente de vida..."
Professor TCHOTSOUA Michel,

Dedicação

Em memória do nosso Diretor de Dissertação
O falecido Professor TCHOTSOUA Michel.

Agradecimentos

Esta brochura baseia-se num estudo de campo efectuado no âmbito da nossa dissertação de investigação em Geografia da Saúde na Universidade de Ngaoundéré, nos Camarões.
Gostaríamos de agradecer a todas as pessoas singulares e colectivas que, de uma forma ou de outra, contribuíram para a sua realização.
Gostaríamos de exprimir os nossos sinceros agradecimentos ao Professor Michel TCHOTSOUA (que descanse em paz) que, apesar das suas numerosas ocupações e responsabilidades, aceitou dirigir esta investigação e dedicar-lhe toda a sua energia. Se este trabalho, no seu estado atual, tem algum valor científico, é em grande parte graças às suas observações e intromissões rigorosas e não paternalistas.
Gostaríamos de agradecer a todo o pessoal docente da Universidade de Ngaoundéré, em particular ao do Departamento de Geografia, pela qualidade da formação ministrada. Em particular, gostaríamos de agradecer aos Professores Wakponou Anselme, Joseph-Pierre Ndamé, Iya Moussa, Aoudou Doua, aos Doutores Mabouloum Anne-Marie, Anaba Christian e Kouedjou Idriss Landry.
Gostaríamos de exprimir a nossa profunda gratidão ao Sr. Razak Alsalam Gdana Sali por ter disponibilizado seu tempo para orientar e monitorizar este trabalho. Gostaríamos também de agradecer ao Dr. Salomon Tamira pelas correcções que fez a este trabalho.
Gostaríamos de agradecer ao nosso irmão mais velho Djimasra Alexis (também conhecido como Mac Alex) por todo o apoio que nos tem dado.
Os nossos agradecimentos vão também para toda a família Gangpendé pelas muitas formas como apoiaram a minha educação.
A Dra. Diane Irie, que facilitou a nossa integração nas várias instituições de saúde para a recolha de dados.
Gostaria de *agradecer a* todos os membros da *turma Géo 2015* pelos seus frutuosos intercâmbios, particular a Kalténé Ngarhounoum Francis, Abdel Hadi, Woumou Woumbondi Gérard, Godjé Bachirou, Gwa Bedi Lucien, Dentalé Moussa e Tchoubeube Zepelin.

RESUMO

A questão das doenças ligadas às águas pluviais (inundações) é uma preocupação importante para o 7º distrito de N'Djaména (Chade). Em agosto de 2020, foram afectados 1 300 agregados familiares, dos quais 6 553 só no bairro de Amtoukoui. As doenças ligadas ao contacto direto ou indireto com a água representam mais de 35% das dez principais causas de consulta no [7]. O objetivo deste estudo é analisar as reacções da população às inundações e às doenças relacionadas com a água. Para tal, a matriz analítica desta investigação baseou-se no trabalho de campo, nomeadamente na recolha de dados (questionários, entrevistas, dados demográficos, dados pluviométricos e consultas dos registos de saúde dos centros de saúde, etc.). Verificou-se que a elevada prevalência de doenças durante os períodos de cheias é o resultado das cheias, que por sua vez são causadas por vários factores (antrópicos e naturais). O paludismo é a doença mais conhecida da população da zona, com uma taxa de prevalência de 70% segundo os registos de consulta.

Palavras chave: inundações, interação, doenças relacionadas com a água, N'Djaména, riscos para a saúde, estratégia.

INTRODUÇÃO GERAL

A vida de qualquer espécie é impossível sem água. Quer seja para o homem, para os animais ou para as plantas, a água é essencial. No âmbito do presente estudo, a tónica é colocada nas águas das cheias e nas suas repercussões nas populações, nomeadamente nos casos de doenças relacionadas com a água.

Indispensável à vida, a água, em particular a água doce, tornou-se um recurso cobiçado num mundo marcado pelo consumo excessivo e no centro de numerosos conflitos territoriais. Embora nos países economicamente desenvolvidos o acesso a água potável de qualidade e em quantidade suficiente seja uma formalidade, esta necessidade humana essencial não está a ser satisfeita à escala mundial.

De facto, há anos que se tem vindo a debater cada vez mais as inundações, que agora se tornaram parte do nosso quotidiano. Dificilmente passa um ano sem que os países do Terceiro Mundo, em geral, e os países africanos, em particular, se queixem de inundações. Mas, até à data, não foi encontrada uma solução concreta e as inundações continuam a assolar os habitantes do mundo. É preciso que se levantem em uníssono para pôr termo a este problema, que pode parecer simples à primeira vista, mas cujos danos são enormes.

Considerado durante muito tempo um mito, os números não mentem e as estatísticas são impressionantes, uma vez que as inundações continuam a assolar o mundo e, mais especificamente, as cidades do Chade.

De acordo com os registos do Gabinete de Coordenação dos Assuntos Humanitários (OCHA), as inundações ocorridas em N'Djaména na última década (20122022) não devem ser novidade para a população local. Foram registadas chuvas fortes desde 1988 e, dez anos mais tarde, em 1998. Embora as chuvas de 2013 tenham feito 20 mortos e afetado quase um milhão e meio de pessoas, não deixam de ser um fenómeno antigo. Segundo a mesma fonte, 94.211 casas foram destruídas e centenas de cabeças de gado foram arrastadas. De acordo com as estatísticas do Ministério da Agricultura e Irrigação, 225 700 hectares de terras aráveis foram inundados.[1]

De acordo com um comunicado de imprensa do distrito de Miandoum, por volta das 2 horas da manhã do dia 12 de junho de 2022, fortes chuvas acompanhadas de um vento violento e de granizo atingiram cinco aldeias do distrito e da sub-prefeitura de Miandoum, nomeadamente Ngalaba, Bendoh, Mamkéri, Meurmoeuel e Béka, causando enormes prejuízos tanto a pessoas como a bens. Concretamente, o relatório indica 1027 agregados familiares destruídos, 5011 vítimas, 2302 casas, 352 feridos, 10 ossos partidos, 5 mortos, stocks alimentares danificados e árvores de fruto arrancadas. Muitas famílias ficaram desalojadas e pedem ajuda às autoridades, às organizações nacionais/internacionais e a todas as pessoas de boa índole que possam vir em auxílio destas pessoas em perigo - é esta a palavra que melhor descreve a situação.

As inundações sempre foram objeto de análise na geografia. Este tipo de estudo tem-se centrado tanto nos aspectos físicos (morfologia dos rios, hidrologia, condições climáticas) como no impacto deste fenómeno nas sociedades humanas. Nas últimas duas décadas, registou-se um ressurgimento do interesse pela investigação das inundações na geografia, em grande parte devido às preocupações científicas e governamentais com as alterações climáticas. Embora a geografia não seja a única disciplina a interessar-se pelos impactos das

[1] Courrier Afrique n°43 dezembro/janeiro de 2013

alterações climáticas nos ambientes fluviais e nas sociedades em geral, desempenha um papel ativo, sobretudo através da produção de trabalhos inovadores baseados numa variedade de abordagens metodológicas que transitam entre as disciplinas das ciências naturais e das humanidades. O fenómeno das inundações foi abordado desde muito cedo por investigadores que combinavam frequentemente abordagens físicas e sociais. As sociedades humanas sempre se preocuparam com o impacto das inundações no seu ambiente. Estes fenómenos, frequentemente designados por catástrofes naturais, causaram, de facto, muitos danos. Embora vários estudos geográficos explorem diferentes aspectos do fenómeno das inundações, estão a ser desenvolvidas abordagens mais especializadas, com base nas ciências hidrológicas.

As inundações e as doenças relacionadas com a água são desafios importantes para muitas zonas urbanas em África, em particular no Chade. O 7° arrondissement da cidade de N'Djaména, a capital do Chade, enfrenta estes problemas de forma recorrente, pondo em causa a saúde e o bem-estar dos seus habitantes. Este estudo visa explorar as interações entre as inundações e as doenças relacionadas com a água nesta localidade específica, examinando a forma como estes fenómenos se influenciam mutuamente e analisando as respostas e estratégias adoptadas pela população local para fazer face a estes desafios.

Este estudo centra-se nas implicações para a saúde e nas consequências socioeconómicas das inundações e das doenças transmitidas pela água no 7° arrondissement de N'Djaména. As inundações podem levar à contaminação da água potável, ao aparecimento doenças como a malária e a diarreia e a uma deterioração das condições de vida dos residentes locais. A compreensão desta dinâmica complexa é essencial para desenvolver estratégias eficazes de prevenção e gestão destes riscos para a saúde.

Com isto em mente, este estudo visa fornecer uma análise aprofundada dos factores de risco, das consequências para a saúde e das práticas locais de adaptação às inundações e às doenças transmitidas pela água. Ao dar voz aos residentes do 7° arrondissement de N'Djaména, esperamos fornecer informações valiosas sobre as questões interligadas da água, da saúde pública e do ambiente nesta região específica, contribuindo assim para o desenvolvimento soluções sustentáveis e holísticas para melhorar a qualidade vida dos da cidade.

Os especialistas afirmam que estas inundações recorrentes são uma combinação de vários factores, tanto naturais como provocados pelo homem. Foram efectuados estudos água, o saneamento e a higiene, mas os resultados são amargos. Mais de 13.000 crianças com menos de 14 anos morrem todos os anos de diarreia transmitida pela água, principalmente na Europa Oriental e na Ásia Central. Em 2006, foram registados mais de 170 000 casos de doenças relacionadas com a água, o que é provavelmente uma subestimação. Estas estatísticas de saúde reflectem apenas uma parte da realidade. (OMS, 2006).

A prevalência de doenças relacionadas com a água tem aumentado a um ritmo sem precedentes nos últimos anos. [2]A OMS afirma que 80% das doenças infecciosas são causadas pela má qualidade da água e são uma das principais causas de morte em todo o mundo, sendo responsáveis por 25 000 mortes por dia (1/3 de todas as mortes) , citado por Matembé (2015). Além disso, as inundações podem favorecer indiretamente a contração de doenças transmitidas por vectores, como a malária. As doenças relacionadas com a água são causadas tanto por água suja e estagnada como por "demasiada água", sendo este último aspeto de particular interesse para nós. No seu relatório de 26 de junho de 2008, a OMS estima que a

---

[2] http://www. eau-seine -normandie.fr/

água suja é a causa de 9,1% das doenças e de 6% das mortes em todo o mundo, todos os anos. As crianças são as primeiras vítimas, uma vez que a água é a causa de 22% das doenças em crianças com menos de 14 anos (Pierre et *al.*, 2012).

Os habitantes da cidade de N'Djamena, da comuna do 7º arrondissement e de certos bairros, nomeadamente Abena, Atrone, Ambata, Amtoukoui e Boutalbagara, não são poupados às inundações e às consequências que lhes estão associadas, nomeadamente em termos de saúde (doenças relacionadas com a água). Nesta perspetiva, a nossa investigação tem como objetivo analisar as estratégias dos habitantes das cidades face às inundações e às doenças relacionadas com a água. Também se centrará nas principais causas das inundações, na forma como as inundações podem ser a causa de doenças relacionadas com a água nas zonas urbanas e estudará a prevalência destas doenças, a fim de prestar uma ajuda valiosa às autoridades administrativas da comuna acima referida na gestão dos riscos naturais e sanitários.

As questões ambientais parecem ser difíceis, para não dizer complexas, de abordar, o que gera incerteza em muitos dos estudos científicos efectuados.

O nosso trabalho será dividido em três (3) partes, cada uma com dois (2) capítulos:

A primeira parte é dedicada ao contexto, ao enquadramento do estudo e à metodologia adoptada para este trabalho. A segunda parte é dedicada à elucidação das várias causas das inundações e das doenças relacionadas com a água, com base nos nossos estudos documentais e exploratórios e nos inquéritos de campo. A última parte é dedicada à perceção das inundações e das doenças relacionadas com a água pela população da zona, à predominância de uma doença sobre a outra e às estratégias a adotar para lidar com o ressurgimento das inundações e das doenças relacionadas com a água.

Vários estudos efectuados por investigadores utilizaram diferentes abordagens metodológicas para determinar o que desencadeia as inundações, a fim de propor estratégias de resiliência para atenuar o problema. O presente estudo não tem por objetivo corrigir as estratégias, mas sim fornecer uma camada específica.

CONTEXTO E METODOLOGIA

PRIMEIRA PARTE. CONTEXTO E METODOLOGIA

INTRODUÇÃO À PRIMEIRA PARTE

Todas as investigações ou estudos têm como objetivo resolver um determinado problema. O nosso tem como objetivo resolver o problema das inundações e das doenças relacionadas com a água, a fim analisar as reacções dos habitantes locais a este problema. A investigação baseia-se num certo número de elementos essenciais ou fundamentais, pelo que, para realizar este estudo, é importante seguir algumas diretrizes científicas. Pensámos que seria útil dividir esta primeira parte em dois capítulos respectivos, sendo o primeiro dedicado à apresentação do problema de um ponto de vista geral, à revisão da literatura e à descrição da epistemologia da ciência em se insere o nosso trabalho; o segundo capítulo descreve as palavras ou conceitos, a área de estudo, os instrumentos de campo e de laboratório utilizados neste trabalho e, finalmente, apresenta a metodologia seguida.

CHAPITRE 1. CONTEXTO DO ESTUDO

O problema geral levantado pelo estudo o de analisar as reacções dos habitantes das cidades às inundações e às doenças relacionadas com a água. Trata-se também de estabelecer a ligação entre as inundações e as doenças relacionadas com a água. realizados vários estudos sobre as inundações e as doenças relacionadas com a água, aqui e noutros locais. Fazer investigação significa seguir um fio condutor de ideias. O nosso primeiro capítulo baseia-se em várias partes: o problema e a revisão da literatura, os objectivos e as hipóteses da investigação.

1.1. O PROBLEMA DO ESTUDO

As inundações são um dos riscos naturais a que estão expostas milhares de pessoas em todo o mundo. Para além de estarem no centro dos principais problemas com que se confrontam os habitantes do planeta, as inundações são objeto de numerosos estudos que procuram analisá-las sob o prisma de instrumentos metodológicos. Basicamente, duas abordagens partilham o monopólio dos inundações. A primeira abordagem postula que as inundações são a manifestação natural da evolução ambiental e geográfica do mundo. Como tal, reflectem e expressam a ordem natural das coisas. A segunda abordagem sustenta que as inundações são o resultado acções humanas sobre a natureza. Estes impactos naturais incluem a exploração irracional dos recursos naturais (abate excessivo de árvores, incêndios florestais, etc.) e políticas "descontroladas" de ordenamento do território e de urbanismo (ocupação de terrenos acidentados, desenvolvimento arcaico, etc.). Neste último caso, as inundações tornam-se um resultado ação social, um fenómeno cujas causas se encontram nas acções sócio-antropológicas das próprias populações afectadas. Podemos também falar de uma outra abordagem intermédia que se situa na intersecção destas duas abordagens: por outras palavras, uma abordagem que considera que, por mais que as inundações sejam de natureza natural, estão também ligadas impacto das acções humanas sobre a natureza.

Numa análise mais aprofundada, as inundações tornaram-se um "fenómeno social total", para utilizar uma expressão socioantropológica cara a Mauss (2013). Por outras palavras, as inundações estão no centro de um conjunto de considerações que combinam políticas sanitárias, sociais, habitacionais e de planeamento. Estas apelam a uma série de explicações diferentes: as inundações como fenómeno natural, as inundações como consequência da ação humana, as inundações como expressão da ira dos deuses e dos antepassados mortos contra os vivos, etc.

Segundo Ocha (2022, p1), em 2022, as chuvas torrenciais e o excesso de cheias anuais nos rios Chari e Logone provocaram inundações que afectaram gravemente a população. Das 23 províncias do país, 19 foram afectadas pelas inundações, atingindo 1,3 milhões de pessoas. A cidade de N'Djamena foi afetada pela subida do rio Chari, tendo deslocado 254 483 pessoas (42 483 agregados familiares) entre outubro e o final de dezembro de 2022.

Kovacs et *al,* (2017, p4), as inundações representam, no entanto, mais um risco económico devido aos danos materiais que causam do que um risco letal para a população afetada. Uma comparação com outros tipos de catástrofes naturais mostra, por exemplo, que as inundações causam muito menos mortes do que os terramotos.

Os danos materiais causados têm um impacto significativo nas condições de vida das populações afectadas pelas inundações, nomeadamente através da degradação dos edifícios (habitações e infra-estruturas estratégicas, como hospitais e escolas), da perturbação ou rutura das redes (água potável, esgotos, resíduos, energia, transportes), perturbação ou paralisação

das actividades económicas e da deslocação das populações.
Vários estudos demonstraram que as inundações fazem cerca de 20 000 vítimas por ano em todo o mundo. A explosão demográfica está a agravar a vulnerabilidade, tanto em termos humanos como materiais, em certas zonas.
As inundações são uma das catástrofes naturais que mais afectam as sociedades humanas.
No Chade, a situação geral das inundações é crítica, com enormes prejuízos, incluindo a perda de vidas humanas e animais (gado) e a destruição de casas e culturas.
As perturbações climáticas com variações súbitas intensidade da precipitação tiveram um impacto significativo em todo o Chade, causando inundações na maioria das localidades.
De acordo com Mbayam (2013, p15), no período pós-independência, após os anos 80, a cidade de N'Djaména sofreu uma urbanização rápida, que teve um impacto significativo no ciclo da água. A impermeabilidade dos solos também , o que provocou um aumento sensível dos volumes de escoamento. As inundações na cidade de N'Djaména são cada vez mais frequentes e, apesar dos novos desenvolvimentos efectuados, os episódios de precipitação têm um impacto igualmente negativo na população.
O 7º arrondissement de N'Djamena é o arrondissement que sofre todos os anos com as inundações. Não é uma situação nova, pois os habitantes queixam-se em todas as estações das chuvas. Os habitantes de alguns dos bairros do 7.º distrito vivem nesta situação mais de uma década. Para algumas deslocações, outros têm de utilizar canoas escavadas, uma vez que as estradas que ligam estes bairros entre si e a outros bairros são inundadas todos os anos por poças de água. Estas estradas podem ter cerca de um (1) a dois (2) quilómetros de comprimento se se decidir contorná-las, pelo que algumas pessoas têm de utilizar as pirogas disponibilizadas.
A água é a fonte da vida, porque a vida na terra é possível graças à existência deste recurso vital, um bem de grande importância para os seres vivos. Segundo OMS (2014), cerca de 2,5% da água da Terra é água doce, em grande parte inacessível, porque é o recurso natural mais importante que torna a vida possível, sustenta os ecossistemas e as actividades humanas. A água é, por conseguinte, um recurso estratégico e o elemento fundamental de uma economia saudável.
Existe uma forte ligação entre a saúde humana e a água. Diz-se frequentemente que "a água é vida", mas esta mesma água é também, por vezes, a fonte de uma série de problemas.
Um dos factores que afectam a saúde é a água poluída e de má qualidade, que é uma das causas das doenças que afectam a saúde humana.
Para além das repercussões materiais e económicas, as questões relacionadas com as inundações têm também um impacto no sector da saúde. Em todo o mundo, há um grande interesse em gerir os riscos hidrológicos, o que também acontece no Chade, mas, na maior parte das vezes, o aspeto da prevenção e as estratégias para lidar com as doenças relacionadas com as inundações são negligenciados.
No Chade, o ano de 2020 será marcado por uma estação de chuvas muito intensas. As fortes chuvas registadas em muitas províncias nos últimos meses causaram inundações generalizadas em todo o país. [3]De acordo com a Cruz Vermelha do Chade (CRT), 171 160 pessoas tinham sido afectadas pelas inundações até ao final de outubro e o número de pessoas afectadas em todo o país continua a aumentar.
As inundações no Chade, particularmente em alguns bairros do 7º distrito de N'Djamena,

[3] Relatório de situação OCHA (Gabinete de Coordenação dos Assuntos Humanitários), 2019

tiveram um impacto na saúde da população. Podemos destacar a contaminação da qualidade da água, gerando riscos epidémicos se não forem seguidas as instruções de consumo adequadas, e a sujidade das águas pluviais estagnadas em bacias de retenção ou condutas insalubres (caleiras) são fontes de contração de doenças relacionadas com a água, quer por contacto direto quer indireto.

As doenças relacionadas com a água nas crianças representam mais de 35% das dez principais causas de consulta em N'Djamena. A malária é a doença mais comum, seguida da febre tifoide, da dermatite, da bilharziose e da gastroenterite. Cerca de 19.000 crianças morrem todos os anos no Chade devido a doenças transmitidas pela água, em particular a diarreia enquanto uma criança em cada 5 sofre desta doença diariamente, afirmou Célestin Traore, Chefe do Programa de Sobrevivência e Desenvolvimento da Criança no Fundo das Nações Unidas para a Infância (UNICEF) no Chade, numa entrevista à Anadolu. É, por isso, necessária uma ação urgente no saneamento doméstico e na gestão da água.

As doenças relacionadas com a água continuam a causar estragos na cidade de N'Djamena. Estas doenças são atualmente consideradas como um problema de saúde pública. A água poluída pode estar na origem de doenças graves como a dracunculíase, a bilharziose, a malária, a cólera, a febre tifoide, a dermatite, etc.

Há duas razões para escolher este tema.

Em primeiro lugar, a perceção das inundações e das doenças relacionadas com a água num certo número de bairros do 7º arrondissement. A tónica é colocada nas principais causas das inundações e nas suas repercussões na saúde.

Em segundo lugar, precisamos de conhecer os tipos mais comuns de doenças relacionadas com a água e a sua prevalência, depois analisar as estratégias adoptadas pelos residentes locais para lidar com elas e, finalmente, sugerir outras estratégias para reforçar a sua resposta.

O objetivo deste estudo é analisar o que as pessoas que vivem em áreas urbanas fazem quando confrontadas com os riscos naturais (inundações) e de saúde (doenças relacionadas com a água) das inundações. É necessário analisar os factores que causam as inundações, identificar os diferentes tipos de doenças recorrentes que resultam das mesmas e compreender como as pessoas lidam com estes fenómenos. O estudo baseia-se na utilização de dados estatísticos (demográficos, de saúde) e pluviométricos, que nos permitiram compreender o fenómeno das inundações e a dinâmica temporal e espacial das doenças relacionadas com a água. Para o efeito, o estudo tentará enumerar as doenças mais dominantes em termos de percentagem da área. A gestão urbana e a explosão demográfica são também factores-chave para avaliar a taxa de variação das doenças relacionadas com a água antes, durante e após as inundações.

1.2. REVISÃO DA LITERATURA

As inundações e as doenças relacionadas com a água foram objeto de vários estudos; no entanto, o nosso estudo consiste em ir mais longe, salientando o que não foi dito pelos vários autores que consultámos.

Vários métodos têm sido utilizados no âmbito de um estudo diacrónico das inundações e das doenças relacionadas com a água. No nosso quadro de estudo, é importante estudar a interação entre as inundações, os factores naturais e antropogénicos, a gestão urbana e a saúde humana. Isto permitiu-nos mostrar como a má gestão urbana (pressão demográfica, ocupação do solo e desenvolvimento urbano) e os factores naturais (variações climáticas e geomorfologia) agravam as inundações, que estão na origem de várias doenças relacionadas com a água em alguns bairros do 7º distrito de N'Djamena.

Presa entre duas escolas de pensamento - a visão determinista de Ritter, segundo a qual o homem não depende do ambiente, e a visão naturalista de Ratzel, segundo a qual o homem é um produto do ambiente ou da natureza - esta obra centra-se na interação do homem com o ambiente natural.

Antoine et *al,* (2016, p187), desde os anos 80, novos temas emergem numa disciplina em plena renovação: justiça espacial, questões geopolíticas de divisão do mundo, desenvolvimento sustentável, aquecimento global, novas mobilidades e migrações, discriminação de género... ilustram esta profunda evolução. Os estudos pioneiros sobre os riscos, sejam eles naturais ou sociais, recordam claramente que todos estes fenómenos se inscrevem num contexto ideológico e histórico. Um risco físico, como uma inundação ou uma erupção vulcânica, não é apenas natural. Falar sobre ele e estudá-lo ilustra a relação entre o homem e o ambiente, a geografia humana e a geografia física.

A geografia é uma disciplina que é frequentemente vista como uma compilação de conhecimentos emprestados das ciências da terra, das ciências da vida e de outras ciências humanas e sociais. Sylvain et al (2003):

"É a única disciplina que pode reivindicar o triplo estatuto de ciência humana, ciência social e ciência da natureza".

As sociedades humanas sempre tiveram de fazer face aos fenómenos naturais. Os riscos que enfrentam são tanto naturais, ou seja, sem intervenção humana, como artificiais, ou seja, ligados às actividades humanas. O grau de vulnerabilidade a um risco natural depende da densidade populacional. Em geografia, um risco é a probabilidade de um perigo causar danos a uma sociedade humana. Existem muitos tipos diferentes de riscoincluindo furacões e ciclones. Mas o que nos interessa aqui são as inundações.

De facto, a gestão do risco inundações nas cidades africanas, em particular no 7° arrondissement da cidade de N'Djamena, deveria ser um assunto de todos. Estamos perante uma urbanização sem precedentes e galopante que escapa ao controlo dos habitantes e das autoridades governamentais locais. Os problemas das inundações são a intersecção de duas acções, nomeadamente os parâmetros climáticos e a gestão urbana.

O Chade, como qualquer outro país do mundo, vê-se confrontado todos os anos com inundações. Vários factores naturais estão envolvidos neste fenómeno. Entre eles, a redução da precipitação e as variações pluviométricas sem precedentes. Com a chegada tardia das chuvas nos últimos anos, mas por vezes em grande quantidade, as alterações climáticas estão no centro dos debates em todo o mundo, nomeadamente nos países do Sahel (G5 Sahel). De acordo com Mbayam (2013, p15), a geomorfologia desempenha um papel muito importante no risco inundações, uma vez que a cidade de N'Djamena é conhecida pela sua impermeabilidade, o que dificulta a infiltração da água e a faz circular à superfície. O resultado é a subida do nível das águas superficiais, provocando inundações. No entanto, ao destacar a impermeabilidade do solo, não devemos ignorar o facto de que a água estagnada em torno de pontos como furos e poços não pode ser infetada. Com efeito, quando as águas transbordam, os pântanos enchem-se águas residuais e escorrem para os pontos de água, provocando a sua contaminação.

No segundo caso, a geografia aparece aqui como uma construção; foi através de novos desenvolvimentos que o homem conseguiu domar a natureza e, por conseguinte, o espaço. Ao ocupar o próprio espaço destinado à retenção de água, as acções do homem levam-no muitas vezes a viver no leito dos cursos de água, o que provoca inundações, porque a possibilidade de construir drenos é agora limitada. Além disso, os parâmetros climáticos desempenham um papel muito importante nas inundações. Tendo em conta os numerosos e complexos problemas de saneamento e de gestão das inundações com que a cidade se confronta, as inundações na cidade de N'Djamena são cada vez mais frequentes, apesar dos novos desenvolvimentos efectuados. Os períodos de chuva têm também um impacto negativo na população. A impermeabilidade do solo conduziu a um aumento sensível do volume de escoamento. O controlo do desenvolvimento urbano e a gestão das águas pluviais tornam-se um desafio importante para os actores locais, responsáveis pelo desenvolvimento urbano e desejosos garantir o conforto e a segurança dos seus concidadãos. Pouco se sabe sobre a circulação da água perturbada pelo homem. Os edifícios ocupam cada vez mais espaços reservados à água: margens e leitos dos rios.

Tchotsoua & Bonvallot (1993), no seu artigo sobre os fenómenos de erosão e a gestão urbana em Yaoundé, afirmam que o crescimento sem precedentes da população nas zonas urbanas, a ocupação em desrespeito do regime urbanístico e as diversas de urbanização agravam ainda mais os riscos nestas zonas.

A densidade, o crescimento demográfico, a urbanização e a sua gestão, bem como a pobreza, agravam a vulnerabilidade às inundações. O 7º arrondissement está rodeado de marigots. Estas zonas estão a ser progressivamente ocupadas pelo homem, o que leva a um crescimento espacial. Estas águas, forçadas pelo homem, deixam os seus leitos para correr em direção às casas e outros edifícios. Em 2013 e 2014, a empresa de construção ENCOBAT começou a trabalhar construção de drenos e bacias de retenção; este trabalho de desenvolvimento não ajudou realmente na luta contra as inundações. Dada a largura e a profundidade destes drenos e bacias de retenção construídos à pressa, assim que caem as primeiras chuvas, os habitantes já são engolidos pelas águas.

Nos últimos anos, a cidade de N'Djamena registou uma grande pluviosidade, ao contrário dos anos anteriores. Esta mudança brusca é uma das causas das inundações na cidade de N'Djaména, nomeadamente em alguns bairros do 7º distrito: variações climáticas e pluviométricas.

Para compreender as causas das inundações nos bairros de Abena, Atrone, Ambata, Amtoukoui e Boutalbagara e participar na sua gestão, é importante conhecer o comportamento hidrológico dos cursos de água e as caraterísticas do terreno. Com base nestes processos, podemos propor melhor medidas para combater as inundações e as doenças que as acompanham, a fim melhorar as condições de vida dos habitantes destes bairros. Bakari (2018):

Chegou a altura de os habitantes dos nossos países africanos praticarem uma cultura de risco, que prepare psicologicamente a população para os efeitos dos riscos hidrológicos e sanitários, de modo o problema possa ser enfrentado numa fase precoce.

Para Antoine et *al* (2016, p195), a geografia aplicada trata as catástrofes como o resultado de uma falha na concetualização do risco ou de uma falha no planeamento e na antecipação. Aborda os desenvolvimentos humanos como construções concebidas para minimizar o risco mas, ao fazê-lo, pode produzir novas práticas de risco. A Comissão elabora tipologias dos principais riscos, das vulnerabilidades potenciais e da sua gravidade, a fim de desenvolver programas de medidas preventivas adaptadas à frequência e à magnitude dos fenómenos. Tanto no que diz respeito aos riscos naturais como aos impactos antrópicos, a abordagem científica caracteriza-se por três etapas: identificação e nomeação de uma situação de risco, probabilidade da sua ocorrência e consequências para a sociedade no espaço e no tempo. Esta avaliação científica, muitas vezes delicada em condições de incerteza, tem por objetivo permitir uma melhor gestão dos riscos.

Os estudos sobre a saúde foram progressivamente ocupando o seu lugar no seio das ciências sociaislevou ao aparecimento da geografia através de um certo número de projectos de investigação. Em França, Max Sorre, a geografia da saúde encontra-se atualmente no cruzamento entre a geografia da doença e a geografia dos cuidados. Durante muito tempo, a geografia da saúde estudou as doenças e as suas causas, utilizando a cartografia como ferramenta para as espacializar.

Bétinbaye et al (2015, p2) argumentam que nas áreas urbanas em geral, e nas maiores cidades do Chade em particular, os rios, juntamente com as águas subterrâneas, são as principais fontes de armazenamento e abastecimento de água para a população. O rio Chari e o seu principal afluente, o Logone, fornecem água a três das quatro principais áreas urbanas do Chade, nomeadamente N'Djaména, a capital do Estado, Moundou, a principal cidade económica, e Sarh, a primeira cidade a ser criada no país.

Vários autores chegaram à conclusão de que a maioria das doenças relacionadas com a água é causada por problemas de saneamento urbano e pela qualidade da água consumida pela população.

Nguedjo (2011) realizou um estudo sobre a geomática e a análise do saneamento e dos riscos sanitários em meio urbano: o caso da bacia hidrográfica de Mbanya, na cidade de Douala. O objetivo geral era avaliar, através da geomática, o estado do saneamento e as suas consequências em Mbanya, com vista a propor medidas para a sua melhoria.

Para Jean (2007, p5), as doenças relacionadas com a água, e em particular as parasitoses, são limites impostos pela natureza à expansão das sociedades humanas em torno dos meios aquáticos. Estas parasitoses formam complexos patogénicos cujos diferentes elementos são o homem, o agente causal e o seu vetor ou hospedeiro intermediário, e cada elemento está sujeito aos constrangimentos do meio aquático.

De acordo com Razak (2017), a proliferação de doenças de origem hídrica e relacionadas com a água em Ngaoundéré é preocupante, com 40% das doenças a serem transmitidas, quer por germes contidos na água, quer por vectores que permanecem na água ou a utilizam para a sua reprodução. O seu estudo mostrou a disparidade na distribuição das doenças de origem hídrica em Ngaoundéré. O seu estudo mostrou que certas áreas sanitárias da nossa zona de estudo têm taxas de prevalência elevadas de doenças de origem hídrica e relacionadas com a água, e que estas taxas de prevalência elevadas são justificadas por um conjunto de factores explicativos. A identificação destes factores permitiu explicar a vulnerabilidade das zonas sanitárias da zona de estudo.

CHAPITRE 2. EPISTEMOLOGIA, QUADRO CONCEPTUAL, ENQUADRAMENTO TEÓRICO, GEOGRÁFICO E METODOLÓGICO O ESTUDO

Um estudo em geografia baseia-se em várias teorias: algumas específicas da geografia e outras emprestadas das ciências sociais. É também importante fazer um estudo científico da disciplina em que se insere o nosso estudo, conhecer o significado diferentes palavras ou conceitos utilizados na obra para melhor os adaptar ao nosso campo de estudo. O significado de cada palavra ou conceito varia consoante o campo em que estamos a trabalhar e o campo disciplinar em que estamos envolvidos. A área de estudo é representativa de uma disciplina de geografia porque o geógrafo estuda o fenómeno no tempo e no espaço. Essencialmente, este capítulo centra-se nas várias partes acima enumeradas.

2.1. EPISTEMOLOGIA, QUADRO CONCEPTUAL E TEÓRICO

2.1.1. Epistemologia da geografia da saúde

Esta investigação permitiu não só determinar a influência da urbanização no aumento das águas de escoamento, mas também evidenciar o impacto das actividades urbanas na qualidade destas águas e o consequente impacto nos meios receptores. Isto conduziu a novos conceitos de tratamento das águas pluviais urbanas.

As cidades nunca puderam crescer e desenvolver-se longe da água, que é tão necessária para a vida biológica como para a vida económica de um grande número de pessoas. O que é novo nos tempos modernos, tanto nos países desenvolvidos como nos países do Terceiro Mundo, é a velocidade crescente da urbanização e a sua necessidade cada vez maior de espaço.

O nosso estudo utilizou a abordagem metodológica da geografia da saúde para explicar as interações entre as inundações e as doenças relacionadas com a água no Chade.

Sébastien et *al* (2022) argumentam que a saúde é uma questão humana, social, política e económica para cada país e sociedade. Era, pois, lógico que os geógrafos mais sensíveis às pessoas do que às formas espaciais fizessem dela um dos seus temas de investigação. Embora a geografia da saúde seja uma sub-disciplina tradicional da geografia francesa, está a tornar-se cada vez menos homogénea. Quando aplicada ao domínio da saúde, os indicadores mudam, mas a abordagem e os objectivos do geógrafo permanecem os mesmos: o objetivo é caraterizar uma sociedade através do estudo geográfico da sua saúde.

Filha da geografia urbana, a geografia da saúde esclarece as relações entre as classes sociais, os espaços de vida e a saúde da população urbana. No século XIX, um médico chamado J. Snow (1855) mediu a localização dos doentes afectados pela epidemia de cólera em Londres, em 1854, e conseguiu encontrar o poço de água poluída que estava na origem da contaminação. O seu método pode ser descrito como científico. A investigação no domínio da saúde pública não tardou a ultrapassar as medições de localização, passando a incluir as desigualdades sociais e espaciais, numa altura em que o higienismo se tornava um elemento do planeamento urbano. Os geógrafos que trabalhavam em domínios próximos da epidemiologia abriram-se a estudos sobre os efeitos da pobreza, da falta de educação e da marginalização na saúde pública. Sob a influência de visões comportamentais e radicais, nasce a geografia da saúde.

Antoine et *al,* (2022, p181-182), um dos estudos mais completos é o de P. Gould (1993), *The slow plague,* sobre a propagação espacial da SIDA, à escala internacional, nacional (Estados Unidos) e urbana: propagação dos pontos de contacto centrais para as periferias residenciais; propagação ao longo das vias de transporte regionais; propagação global graças às viagens aéreas. A partir da década de 2000, esta geografia da saúde diversificou-se: influência da pobreza nas patologias, migração, educação, ambiente, etc. Frequentemente cartografada em atlas da saúde com recurso a SIG, mostra não só a propagação das doenças, mas também a distribuição desigual dos cuidados (política, serviços de saúde, hospitais, etc.) e o seu papel no bem-estar das populações.

No que diz respeito ao impacto das variáveis ambientais sobre a saúde, por exemplo, quando olhamos para a epistemologia da geografia da saúde, deparamo-nos rapidamente com uma complexidade ligada, por um lado, à história paralela das ciências da saúde e da geografia desde Hipócrates e, por outro lado, à multiplicidade de determinantes da saúde. O termo "geografia médica" é atribuído a um naturalista alemão, Finke, e data de 1772.

Segundo Picheral (2001), a geografia médica clássica engloba dois domínios mais ou menos independentes: a geografia das doenças ou ecologia médica e a mais recente geografia dos cuidados de saúde. Os fundamentos da geografia médica moderna encontram-se na obra de Max Sorre, que desenvolveu a noção de espaços patogénicos - ou melhor, de complexos - integrando a doença no seu ambiente, ou melhor, reintegrando-a, uma vez que Hipócrates já tinha insistido na necessidade de contextualizar o ato médico. Naquela época, os médicos eram nómadas. Por isso, era-lhes muito útil ter uma ideia das patologias que iriam encontrar num determinado local.

Para Sébastien et al (2022), a abordagem proposta por Max Sorre abriu caminho a numerosos estudos que consistem essencialmente em estabelecer, através da estatística, correlações entre a incidência de certas doenças, as taxas de mortalidade e o facto de se viver em certos lugares. Esta abordagem da geografia médica converge, portanto, em muitos aspectos, com a epidemiologia, o que provavelmente tem mais a ver com a história do pensamento geográfico do que com os princípios hipocráticos.

A geografia do risco, ao centrar-se nas imagens do risco, na sua valorização social, na sua dinâmica e nas suas consequências, estuda-o de uma forma global, tanto na sua representação como na sua gestão territorial. De uma geografia física, passa a ser uma geografia comportamental e crítica.

Por outro lado, só nas últimas décadas do século XX é que os comportamentos individuais e colectivos foram considerados como uma consequência do ambiente social, tanto na lista de determinantes da saúde como na análise geográfica e, sobretudo, foram considerados juntamente com os determinantes físicos num conceito global de ambiente.

2.1.2. Quadro concetual e teórico

Para que haja um entendimento comum dos termos utilizados nesta obra e para evitar qualquer risco má interpretação durante a leitura, é importante definir alguns conceitos principais. Mais do que qualquer outro, a análise de um tema da geografia deve necessariamente basear-se num esforço prévio de concetualização que deve garantir a sua contextualização. Assim, a nossa análise nos seguintes conceitos fundamentais:

Interações

Num contexto mais geral, uma interação refere-se a uma relação dinâmica ou interdependente entre dois elementos, variáveis ou entidades, em que o efeito de um é influenciado pela presença ou nível do outro. As interações podem manifestar-se de diferentes formas, consoante o domínio de estudo ou o contexto considerado, e são frequentemente complexas e multidimensionais. Nas ciências sociais, na ciência política, na psicologia, na física, na biologia ou mesmo na informática, podem observar-se interações entre diversos factores, como indivíduos, fenómenos naturais, componentes de um sistema, variáveis estatísticas, etc. As interações podem ser diretas ou indirectas, simultâneas ou sucessivas, lineares ou não lineares, positivas ou negativas. A identificação e a análise das interações são essenciais para compreender as relações de interdependência entre os diferentes elementos de um sistema e para prever o modo como essas relações podem influenciar os resultados ou os fenómenos observados. As interações podem desempenhar um papel crucial na compreensão dos processos complexos, dos ciclos de retroação, dos efeitos sinérgicos ou das situações interdependentes que caracterizam muitos sistemas e fenómenos naturais e sociais. No contexto da relação entre inundações e doenças relacionadas com a água, uma interação pode manifestar-se da seguinte forma: Quando ocorrem inundações, a água das cheias pode contaminar as fontes de água potável, transportando agentes patogénicos (bactérias, vírus, parasitas) e vários contaminantes. Isto pode levar a um aumento significativo de doenças transmitidas pela água, como a diarreia, a cólera, a leptospirose e a febre tifoide entre a população exposta. Na geografia da saúde, a interação refere-se às relações e processos complexos que influenciam a saúde das populações em função do seu ambiente geográfico. Esta disciplina estuda a forma como os factores geográficos, como a localização, a distribuição espacial, as caraterísticas da paisagem, a acessibilidade aos serviços de saúde, a utilização dos solos, etc., interagem com factores sociais, económicos, culturais e ambientais para moldar a saúde dos indivíduos e das comunidades.

Inundações

Uma inundação é uma submersão temporária pela água, que pode ser água da chuva, utilizada para caraterizar o transbordamento de um curso de água ou de uma bacia de retenção de água. No Glossário do Inquérito Nacional (OIE, 1995), as inundações são perigos associados a áreas propensas a inundações: danos à vida, à saúde ou prejuízos que podem ocorrer nessas áreas. As inundações podem ser perigos ou inconvenientes relacionados com a água a que as pessoas estão expostas, ou grandes catástrofes relacionadas com a água enfrentadas pelas populações. Existem vários níveis de risco, consoante a gravidade dos danos a recear em termos de submersão, a velocidade da corrente e a vulnerabilidade dos locais expostos. As inundações ocorrem quando uma massa de água cobre uma terra que normalmente está seca. São frequentemente causadas por fenómenos meteorológicos extremos, como chuvas fortes, tempestades, derretimento de neve ou inundações repentinas. As inundações podem também resultar da rutura de barragens, diques ou outras infra-estruturas hidráulicas.

Doenças relacionadas com a água

Segundo a OMS (2014), doença é qualquer alteração do estado de saúde que se manifesta geralmente por sensações anormais. Assim, podemos definir as doenças relacionadas com a água como quaisquer doenças causadas pela ingestão ou contacto com água não segura. No seu sentido etimológico, o termo doença vem do latim *mal habitus*, que significa em mau estado. Num sentido geral, o termo "doenças relacionadas com a água" refere-se a doenças (e, por extensão, a riscos para a saúde) relacionadas com a qualidade da água (proveniente de inundações). As doenças relacionadas com a água são doenças causadas pela ingestão de água contaminada com microrganismos patogénicos, produtos químicos tóxicos ou outros agentes nocivos. A água contaminada pode provir de várias fontes, tais como águas superficiais poluídas, águas residuais não tratadas, poços contaminados, sistemas de distribuição de água defeituosos, etc.

Quadro teórico

Todas as ciências precisam de uma teoria, porque é através dela que se forjam as ferramentas que sustentam o fio do pensamento. Recorremos a um certo número de teorias das ciências humanas, nomeadamente da geografia.

A teoria dos sistemas (cibernética) ou teoria da catástrofe pode ser utilizada como guia para a compreensão de fenómenos interdisciplinares. Esta teoria procura explicar o funcionamento e o mau funcionamento dos sistemas que geram crises e riscos. Haimes (1998) propõe métodos de análise dos riscos tecnológicos baseados na teoria dos sistemas. Utilizá-los-emos para estudar os factores que agravam as inundações nos distritos de Abena, Atrone, Ambata, Amtoukoui e Boutalbagara.

A Cindynics baseia-se largamente no estudo de sistemas complexos, cuja complexidade é acentuada pela multiplicidade de interações que unem as diferentes componentes um desastre. De acordo com a teoria das catástrofes, uma catástrofe ocorre quando uma variação contínua das causas conduz a uma variação descontínua dos efeitos. As catástrofes são, portanto, preparadas numa base contínua durante um longo período de tempo irromperem subitamente. É de notar que as descontinuidades analisadas e modeladas pelos matemáticos não são necessariamente catástrofes que causam vítimas e danos no sentido habitual.

Determinismo: nenhuma disciplina demonstrou tanto entusiasmo como a geografia pelo estudo dos factos espaciais e das relações aparentes entre esses factos. Isto levou a geografia regional tradicional a prestar especial atenção a um aspeto particular destas relações, nomeadamente a procura de causalidades diretas entre fenómenos físicos e humanos. As causalidades aparentes são assim realçadas, sem ter em conta a subjetividade do investigador e o carácter parcial das suas observações. De acordo com Antoine et al (2016, p47-48), em todos os casos, uma constante domina: a influência direta de um fator (o ambiente) nas acções humanas. Por exemplo, a presença de recursos hídricos influencia a localização das aldeias, os tipos de solo influenciam as estruturas agrárias e os sítios influenciam os assentamentos urbanos.

2.2. QUADRO GEOGRÁFICO E METODOLOGIA

2.2.1. Contexto geográfico e razões para a escolha da zona de estudo

O 7º arrondissement é um dos 10 arrondissements de N'Djamena, capital da República do Chade. Com uma superfície de 108,752 km^2, o 7.º arrondissement é composto por 15 bairros, de acordo com a nova divisão administrativa (Figura 1). A nossa área de estudo inclui vários distritos, nomeadamente: Abena, Atrone, Ambata, Amtoukoui e Boutalbagara. N'Djamena está situada na zona quente e seca do Sahel. Situa-se entre 12,11° de latitude norte e 15,04° de longitude leste. Situada na confluência dos rios Chari e Logone, faz fronteira a norte com a sub-prefeitura de Mani, a leste com a sub-prefeitura de Linia e a sudeste com a sub-prefeitura de Logone Chari. Apresenta uma topografia relativamente plana e argilosa. A parte central deste relevo apresenta-se sob a forma de uma bacia com um desnível muito reduzido.

Nesta região, as condições climáticas prevalecentes são bastante restritivas para o desenvolvimento da fauna e da flora. Desde a independência, a cidade de N'Djamena foi objeto de uma urbanização rápida, que teve um impacto significativo no ciclo da água.

De um modo geral, pouco se sabe sobre os problemas associados à água neste meio. Foi com este objetivo que este trabalho foi realizado, partindo da constatação de que muitas pessoas são vítimas de doenças relacionadas com a água.

Porquê escolher apenas alguns distritos?

O 7º distrito é um dos maiores de N'Djamena. A seleção de alguns bairros permite-nos estudar o fenómeno em zonas sob a influência de inundações. Do mesmo modo, as zonas que não estão demasiado expostas às inundações são estudadas para avaliar a incidência das doenças relacionadas com a água. Os distritos de Abena, Atrone, Ambata, Amtoukoui e Boutalbagara são os mais expostos às inundações. Bairros como Dembé e Chari mongo, embora menos afectados pelas inundações, têm a sua quota-parte de doenças relacionadas com a água. A geomorfologia é um dos factores que agravam os riscos hidrológicos nestes bairros, uma vez que N'Djamena se caracteriza pela sua impermeabilidade (com pouca infiltração). A isto junta-se a variação climática. Os bairros de Abena, Atrone, Ambata, Amtoukoui e Boutalbagara estão encravados e estão a ser realizados novos desenvolvimentos. A ocupação desordenada de certas zonas, outrora destinadas à captação de água, provoca agora descargas de água nas habitações, contaminando poços e furos e afectando a saúde da população. Nos bairros não afectados pelas inundações, a mobilidade ou migração dos moradores por razões diversas (mercados, visitas familiares, etc.) deve também ser tida em conta. Por último, a questão das condições de vida insalubres não deve ser esquecida, uma vez que nos concentrámos na higiene e no saneamento.

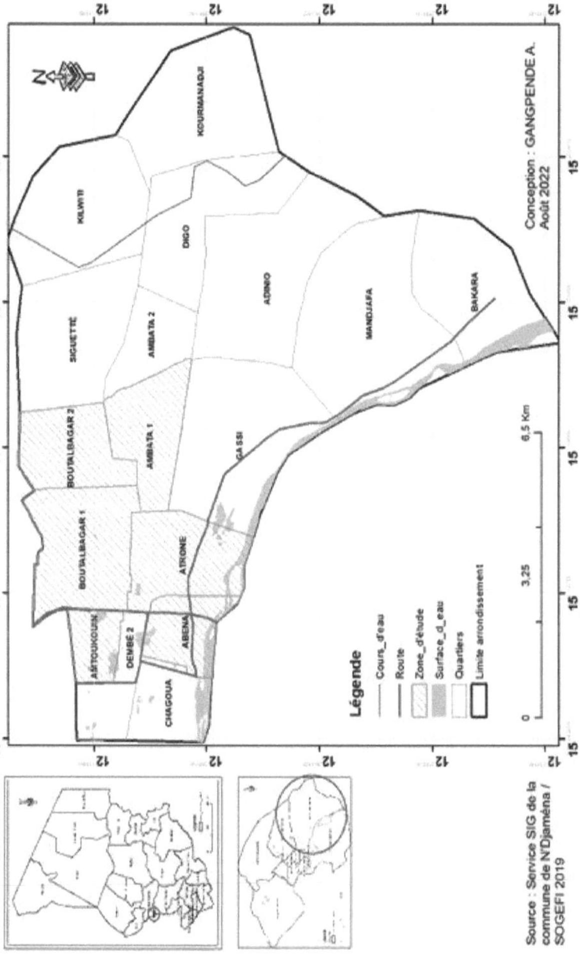

Figura 1. Mapa do município do 7e arrondissement

2.2.2. Ferramentas e metodologia

Quadro prático

O nosso quadro prático resume um grande número de instrumentos e técnicas que foram utilizados para recolher dados empíricos. Inclui, nomeadamente, a investigação documental, que nos permitiu centrarmo-nos no nosso problema, a observação direta e as entrevistas e questionários como de investigação, que utilizados para recolher informações junto das pessoas-recurso. O nosso estudo baseia-se numa abordagem quantitativa e qualitativa.

Observações diretas no terreno

Como refere Tamira (2023, p. 25), ao contrário da observação participante ou participativa, a observação direta reduz ao mínimo a capacidade do investigador de *intervir* nas acções e inter-relações dos indivíduos em estudo. A observação torna-se assim uma técnica de captação de realidades humanas inéditas, em ação, mas sempre fugidias. A observação direta fornece à investigação dados sólidos para análise, conferindo-lhe um carácter empírico e a única base sólida para o conhecimento humano. No entanto, a observação do investigador, para além da sua *intromissão* na vida de um determinado grupo social em estudo, deve ser sempre objetiva e divorciada das origens sociais, culturais e mesmo intelectuais desse grupo.
Para efeitos do presente trabalho, optámos por uma observação sequencial dos factos, ou seja, visitas pontuais ao terreno, cada uma das quais implicando a observação, a tomada de notas e em suma, uma investigação parcial. Esta abordagem é simultaneamente essencial e prática, na medida em que nos permitiu apreender e identificar os factos diretamente a partir da nossa observação direta das discrepâncias.

Componente qualitativa: instrumentos de recolha e análise de dados

Os instrumentos qualitativos utilizados incluem entrevistas individuais e discussões em grupo (FGD).

Entrevistas

Uma entrevista é uma conversa com uma pessoa na qual esta é interrogada sobre a sua vida, as suas ideias e os seus projectos, tendo em vista a publicação ou a divulgação do conteúdo ou a sua análise. Por conseguinte, utilizámos uma entrevista estruturada. Foram realizadas várias entrevistas no âmbito deste trabalho, sendo de referir, desde já, que se trata de entrevistas semi-diretivas e livres.

Entrevista aberta

O objetivo da entrevista aberta é dar aos entrevistados a oportunidade de nos contarem muitas coisas sobre a sua vida e as suas relações com os actores externos presentes no território graças à companhia petrolífera. Pretende-se, e é esse o objetivo, que seja um meio de reconstruir a história do território, com base em histórias de vida e biografias individuais. Podem ser colocadas questões inesperadas ao entrevistador.

Entrevista semi-estruturada

A entrevista semi-estruturada é uma técnica de recolha de dados qualitativos que, tal como a entrevista não estruturada, coloca o investigador em contacto com o entrevistado. Aqui, ao contrário do que acontece numa entrevista livre, o entrevistado tem apenas uma liberdade limitada, que é mais ou menos controlada pelo entrevistador. Mas a exaustividade não é excluída se o inquirido se mantiver dentro do quadro já predefinido da pergunta. A entrevista semi-estruturada tem um duplo interesse para este trabalho. Por um lado, permite-nos compilar dados numa área de investigação muito específica, com base em entrevistas com inquiridos.

Instrumentos de análiseanálise de conteúdo

Os dados qualitativos recolhidos no terreno foram objeto de uma análise de conteúdo. O método de triangulação é também utilizado aqui, pois oferece uma melhor possibilidade de analisar a informação recolhida através da comparação das suas diferentes fontes. Na impossibilidade de um registo sistemático dos factos sociais, o método de triangulação é uma melhor garantia da fiabilidade dos dados recolhidos. Método de análise adaptado de (Tamira, 2023).

Análise de conteúdo

A análise é uma ferramenta de medição, uma técnica para descrever e interpretar objetivamente dados empíricos. Neste estudo, os nossos dados monográficos de campo foram analisados e interpretados sob a forma de quadros estatísticos, diagramas e histogramas.

Aspeto quantitativo

A vertente quantitativa do nosso trabalho utiliza as ferramentas do método quantitativo na investigação em ciências sociais, particularmente na geografia global.

O instrumento de recolha de dados quantitativos

O principal instrumento da investigação quantitativa é o questionário. Trata-se de um método estatístico de quantificação da informação recolhida. Permite atingir um vasto público num espaço de tempo relativamente curto, ao contrário da investigação qualitativa, que é mais exigente e requer uma presença física mais prolongada junto dos inquiridos.

O questionário

O questionário, mais do que um simples conjunto de perguntas, é um instrumento de recolha de dados quantitativos e quantificáveis. Permite inquirir uma vasta população e recolher uma grande quantidade de dados. Esta fase do questionário envolve vários elementos. Há a escolha do local do inquérito e o número indivíduos a inquirir. A escolha do local do inquérito inclui os bairros que vivem o fenómeno. Esta série conduz aos inquéritos aos agregados familiares, que nos permitiram ter uma visão global da situação no terreno e das percepções da população local, dos profissionais de saúde e das autoridades locais. Esta secção permitiu-nos entrar em contacto com a população e com as autoridades sanitárias, a partir das quais nos baseámos nos registos de consulta e de cuidados para conhecer o ritmo evolução na nossa zona de estudo.

Quadro 1. Estrutura do questionário

Número do Secção	*Título da secção*	*Número de perguntas por secção*
Secção 1	**Identificação do ficheiro**	*4*
Secção 2	**Identificação do informador**	*9*
Secção 3	**Perceção dos problemas de inundação e das doenças relacionadas com a água**	*26*

Fonte: Questionário de inquérito à população-alvo

Ferramentas de análise estatística: SPSS e EXCEL

Os dados quantitativos recolhidos no âmbito deste estudo foram analisados com recurso a dois programas informáticos, Statistical Packages for the Social Sciences (SPSS) e EXCEL. Os resultados desta análise são apresentados sob a forma de quadros estatísticos, percentagens ou figuras (diagramas). Estes dados quantificados são acrescentados aos dados qualitativos para se obter uma análise completa deste trabalho.

A amostra ou população do estudo

Uma vez indicados os métodos de inquérito utilizados e os respectivos instrumentos de recolha de dados, é agora altura de determinar a amostra abrangida por este trabalho.

Amostragem

A população-alvo é o conjunto de sujeitos de interesse para o investigador, aos quais este gostaria de poder aplicar os resultados do estudo ou extrapolar as conclusões. A população do estudo é constituída pelos habitantes do 7º distrito de N'Djaména, em particular dos bairros-alvo. Para selecionar a amostra deste estudo, utilizámos a técnica de amostragem não probabilística. Este tipo de amostra permite selecionar elementos através de métodos não aleatórios. Não há forma estimar a probabilidade de cada elemento ser incluído numa amostra não probabilística, e cada elemento não tem a mesma hipótese de ser incluído. A amostragem é um método de cálculo estatístico indispensável aos estudos no domínio das ciências humanas, sendo um processo que permite determinar um conjunto padrão representativo da população total ou global. Amostrar uma determinada população significa utilizar técnicas aprendidas (probabilísticas e não probabilísticas) para extrair dela uma fração representativa que servirá de conjunto padrão para o estudo.

Cartografia das zonas afectadas

A partir dos dados demográficos, foi possível elaborar mapas de expansão urbana para a nossa área de estudo, o que nos permitiu ver como o espaço foi sendo ocupado ao longo do tempo. As coordenadas recolhidas permitiram-nos elaborar um mapa de distribuição dos centros de saúde na nossa área de estudo.

A cartografia é uma ferramenta indispensável na investigação em geografia e, mais ainda, nas ciências que estudam os riscos de todos os tipos. Foi extremamente útil no trabalho que .

II PARTE

CAUSAS DAS INUNDAÇÕES E DOENÇAS RELACIONADAS COM A ÁGUA

SEGUNDA PARTE: CAUSAS DAS INUNDAÇÕES E DOENÇAS RELACIONADAS COM A ÁGUA

DOENÇAS RELACIONADAS COM A ÁGUA.

As inundações constituem um risco importante, causando danos significativos, e a sua gestão continua a ser um problema real não só para o Chade, mas também para a África Subsariana em particular e para o mundo em geral. As águas pluviais têm sido a causa de muitas destruições, e o aspeto sanitário é sempre posto de lado, se não mesmo esquecido, mas nunca deixam de causar estragos em todo o mundo. Para esclarecer estes problemas e compreender os mecanismos que estão na origem das inundações e das suas consequências para a saúde no 7º distrito de N'Djamena, nomeadamente nos bairros de Abena, Atrone, Ambata, Amtoukoui e Boutalbagara, dividimos esta segunda parte em dois (2) capítulos que explicam como a natureza e o homem podem exacerbar os fenómenos de inundação, ao mesmo tempo que mostram como as inundações podem ser a causa do desenvolvimento de doenças relacionadas com a água nos bairros de Abena, Atrone, Ambata, Amtoukoui e Boutalbagara.

CHAPITRE 3. INUNDAÇÕES RECORRENTES NOS DISTRITOS DE ABENA, ATRONE

DISTRITOS DE ABENA, ATRONE, AMBATA, AMTOUKOUI E BOUTALBAGARA BOUTALBAGARA: UMA COMBINAÇÃO DE FACTORES NATURAIS FACTORES NATURAIS E ANTRÓPICOS.

N'Djamena, a capital política do Chade, é atualmente uma província graças à política de descentralização. As suas origens remontam a 1973, de Fort-Lamy a N'Djamena, que significa "descansámos", ou seja, o fim da servidão colonial. A cidade está dividida em dez (10) arrondissements, que compreendem cerca de sessenta e quatro (64) bairros. O 7.º arrondissement foi criado pelo Decreto n.º 227/PR/MISD/99 relativo à reestruturação dos arrondissements municipais da comuna de N'Djamena, em 19 de junho de 1999, e tornou-se a comuna do 7.º arrondissement após as eleições autárquicas de janeiro de 2012. Caracterizado por um clima saheliano, o clima de N'Djamena é caracterizado por duas (02) massas, nomeadamente o Harmattan e a Monção. A barreira entre estas duas massas constitui a frente intertropical, que se desloca ao ritmo da estação seca e da estação das chuvas. A estação das chuvas começa em junho e termina em outubro, enquanto a estação seca começa em novembro e termina em maio. Caracteriza-se pelo período fresco de novembro a fevereiro e pelo período quente de março e termina com o início da estação das chuvas. As águas do rio Chari e as dos marigots do 7º arrondissement provocam inundações no bairro durante os períodos de chuva intensa (Ndilbé, 2018). Este capítulo analisa as principais causas das inundações. Em seguida, analisa o impacto dos factores naturais e antropogénicos sobre as inundações nos bairros de Abena, Atrone, Amtoukoui, Ambata e Boutalbagara.

3.1. CAUSAS NATURAIS DAS INUNDAÇÕES

As causas naturais todas as manifestações da natureza sem intervenção humana. Vários aspectos de origem natural intervêm no processo de inundação em Abena, Atrone, Amtoukoui, Ambata e Boutalbagara. São eles: a variação climática e a geomorfologia.

3.1.1. Variação climática

A hidrografia é o conjunto das águas de uma região, país ou distrito. No seu sentido mais lato e mais comum, a palavra "hidrografia" refere-se à descrição das águas da superfície terrestre, quer sejam marinhas ou continentais. Neste último sentido, a hidrografia tem por objetivo descrever e explicar as caraterísticas dos organismos definidos pelas águas continentais, quer sejam estagnadas ou correntes.

Existem várias bacias fechadas ou endóricas em África. As duas principais são o Lago Chade e o Okavango. O lago Chade, partilhado pelo Chade, o Níger, a Nigéria e os Camarões, é essencialmente um vasto pântano onde se perdem o Ouambé, a oeste, e sobretudo o Chari, a sul-sudeste. Este último, que é de longe o mais abundante, forma, com os seus afluentes e diversos braços, uma rede muito complicada.

O lago Chade, cuja dimensão varia de ano para ano, embora esteja a diminuir consideravelmente, desembocava no Bahr-el-Ghazal através da depressão do lago Bodélé. Atualmente, este rio e este lago secaram. À volta do Grande Lago, existem outros lagos mais pequenos que, tal como ele, não têm escoamento. O lago Fittri, alimentado pelo Salamat a partir do Ouadai, é certamente independente. [4]Parece que, no passado, os rios desciam das montanhas de Tibesti e Air até ao Lago Chade. [5]

[4] https://www.universalis.fr/encyclopedie/hydrographie/
[5] http://www.cosmovisions.com/Afrique-Hydrographie.htm

Do ponto de vista hidrográfico, a parte central do Chade inclui distritos *como* Abena, Atrone, Amtoukoui, Ambata e Boutalbagara, na sua maioria constituídos por pântanos e alguns cursos de água. Estes pântanos alimentam-se da água da chuva. Quando estes marigots transbordam das suas margens, os danos são enormes, provocando inundações recorrentes. Como todas as fontes de água têm os seus aspectos positivos e negativos, estas águas, para além de permitirem aos habitantes destes distritos o exercício de certas actividades geradoras de rendimentos, como a horticultura, a pesca, etc., têm também um impacto negativo na saúde da população.

N'Djamena tem um clima saheliano, com menos de 900 mm de precipitação por ano e uma temperatura média de 35°C durante todo o ano. As temperaturas máximas podem atingir os 50°C entre março e maio. A estação das chuvas é curta em comparação com a duração da estação seca. As chuvas mais intensas caem entre julho e agosto, e mesmo em setembro.

De novembro a fevereiro, a temperatura oscila entre os 24°C à noite e os 34°C durante o dia, quando está fresco. março, com temperaturas elevadas de cerca de 50°C, marca a estação quente, que só termina com o início das chuvas. A estação das chuvas começa geralmente em junho (raramente em maio) e termina em outubro, raramente em novembro. Em cada estação das chuvas a nossa área de estudo continua a sofrer danos materiais e humanos. Estes incluem a inacessibilidade das estradas, a destruição de casas, o ressurgimento de doenças de origem hídrica, etc.

As inundações são mais frequentes na nossa área de estudo, o seu calendário mudou e a relação que têm com o clima e a variação da precipitação inverteu-se. No passado, as estações chuvosas regulares não causavam risco suficiente de inundações, mas nos últimos anos temos assistido a um ritmo irregular de temperaturas que resulta numa precipitação sem precedentes. Esta variação climática/pluviométrica é uma das principais causas do aumento do nível das águas na cidade de N'Djaména.

As variações da pluviosidade traduzem-se em mais inundações na capital N'Djamena. A estes aumentos irregulares da pluviosidade juntam-se as subidas frequentes do nível das águas, fenómeno que ocorre mais frequentemente no final da estação das chuvas e que é provocado pelo transbordamento das águas. Todos os anos, vários bairros de N'Djamena são afectados.

As inundações nos distritos de Abena, Atrone, Amtoukoui, Ambata e Boutalbagara estão ligadas variações climáticas. Verificou-se que os serviços meteorológicos não controlam verdadeiramente o tempo como nos anos anteriores, devido a contradições entre as previsões da agência meteorológica e as variações da precipitação.

Quadro 2. Dados de precipitação durante 20 anos (2000 a 2019)

Ano	janeiro	fevereiro	março	abril	maio	junho	julho	Aoiit	setembro	Oitocentos	novembro	dezembro	Acumulado
20(111	0	0	d	0	59.8	90,8	249.7	196,8	40.4	39.1	0	0	676,6
2001	0	0	0	13	18.1	45,8	135.9	162,6	250,7	0	0	0	**6143**
2002	0	0	0	0	0	42,4	122.1	147,4	151.8	80,3	0	0	**544**
2003	0	0	0	0.4	109.3	51,1	113,6	291,8	81.1	16,7	0	0	**664**
2004	0	0	0	38,7	55,1	52,8	175,5	142,9	51,6	27,6	0	0	**544.2**
2005	0	0	0	0	15,3	53,6	170,7	190,4	79,9	10,3	0	0	**520.2**
2006	0	0	0	1	31,7	87,4	174,8	295,2	83.5	37,6	0	0	**711.2**
2007	0	0	(1	0	10,5	106,9	218.5	180	72.5	29,4	16,5	0	**6343**
2008	0	0	0	0	44.7	50,5	215.8	297,8	38.5	8	0	0	**6553**
2009	0	0	0	0	0	12,7	145	232,4	111,1	54,1	0	0	**555.3**
2010	0	0	(1	0	1.8	51,5	215.3	122,6	155,7	20,7	0	0	**567.6**
2011	(I	0	(1	0	10.8	77,2	59.6	180,6	156.2	0	(1	и	**484.4**
2012	0	0	0	0	30,1	53,8	154,3	266,9	94,3	13,8	0	0	**6133**

2013	0	0	0	0	3,3	26,6	140.5	249,9	86.1	1,7	o	II	508.1
2014	0	0	0	1.9	28,4	4,6	173,1	189,8	114,1	17,1	0	0	529
2015	0	0	0	0	0,9	81,2	243,4	200,6	81.9	1,1	0	0	609.1
2016	0	0	0	0	25,8	47,9	211.2	210,4	137,7	25,2	0	0	658.2
2017	0	0	0	0	27.8	49,1	153.9	134,4	118.1	16.2	0	0	499.5
2018	0	0	(1	30.5	61	58,7	300.7	227,3	64.4	11,9	0	0	754.5
2019	0	0	0	0	653	58,1	180.4	141,3	128.7	59,1	0	0	632.8

Fonte: Agência Nacional de Meteorologia (ANAM)

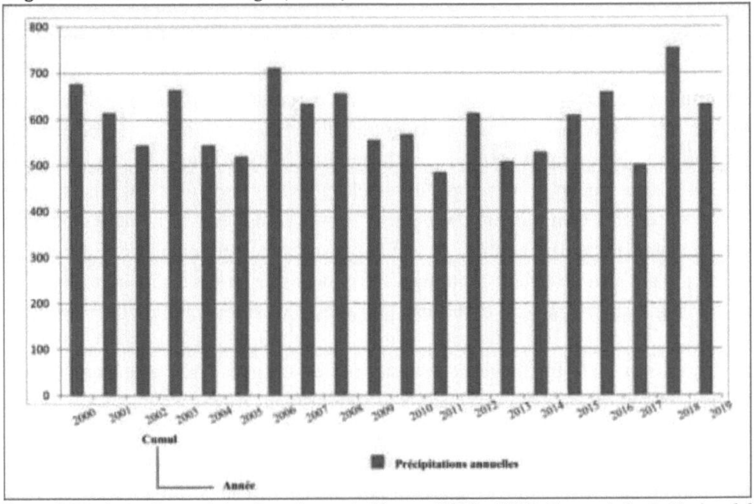

Figura 2. Variação da precipitação ao longo de 20 anos (2000 a 2019) ***Fonte: Agência Nacional de Meteorologia (ANAM)***

A Tabela 2 e a Figura 3 mostram a precipitação anual registada em N'Djamena durante um período de vinte (20) anos, de 2000 a 2019. A precipitação é irregular durante este período, com os valores mais elevados registados em 2006 e 2018. A variação climática tem uma influência percetível em diversas variáveis associadas à água, contribuindo assim para as inundações.

Recorde-se que, durante as chuvas fortes, os marigots, as bacias de retenção de água e muitos outros sumidouros transbordam (nos bairros com sumidouros) e, na ausência de redes de drenagem de água adequadas e de uma infiltração deficiente (fenómeno que ocorre quando o solo é impermeável), as chuvas fortes são o gatilho para as inundações na nossa área de estudo.

3.1.2. Geomorfologia: o fator determinante

De acordo com o *Dicionário de Geografia* (Pierre & Fernand, 2006), a geomorfologia é definida como "o *estudo científico das formas da superfície terrestre e da sua evolução*". Muitas vezes confundida com a geologia, a geomorfologia é, no entanto, uma disciplina científica de pleno direito, cujo objeto de investigação é conjunto das formas de relevo do planeta. Do grego *gê* que significa terra, *morphê* que significa forma e *logos* que significa discurso, a geomorfologia pode ser definida como a ciência que descreve e explica as formas do relevo terrestre (todas as desigualdades observáveis na superfície da terra). Neste sentido, a disciplina situa-se na interface entre a geografia e as ciências da terra. Desempenha um papel importante nos processos de planeamento regional e paisagístico, bem como na prevenção dos riscos naturais e na exploração dos recursos naturais. É por esta razão que é adoptada pelo urbanismo no estudo da forma física ou da estrutura e do traçado de uma cidade.

A topografia da nossa área de estudo é uma planície de inundação menos acidentada com solo argiloso. Se se situar numa vertente a jusante, a vertente a montante (rio Chari). Os solos argilosos ou siltosos, que têm uma estrutura densa e pouco arejada, são solos impermeáveis. Os solos impermeáveis deixam passar pouca ou nenhuma água. Por conseguinte, a água da chuva fica muitas vezes estagnada à superfície (fraca infiltração e escoamento superficial), o que coloca o problema da drenagem.

O aspeto físico, mais especificamente a morfologia, tem uma grande influência nas inundações. Nas últimas décadas, vários estudos geográficos têm-se centrado nas questões das inundações. O nosso estudo alarga esta perspetiva científica. Alguns governos, conscientes dos fenómenos de inundação, orientam as suas políticas para o futuro do mundo face às alterações climáticas. Na sua obra, Pardé (1959) interessou-se não só pela dimensão hidrológica ou climática das inundações, mas também pelas suas consequências e riscos para as populações afectadas, prestando especial atenção aos danos provocam.

Embora muitos estudos em geografia centrados em problemas hidrológicos se preocupem com diferentes aspectos ou factores do problema, o foco principal é a forma do relevo e a velocidade e direção do fluxo.

Os bairros de Abena, Atrone, Ambata, Amtoukoui e Boutalbagara estão situados a baixa altitude, o que faz com que sofram frequentemente de problemas de inundação. Por estarem situados numa encosta, estes bairros recebem regularmente água de outros bairros. O facto de estarem tão isolados é um problema crucial quando se trata de fazer chegar a água ao rio, uma vez que a água não vai a lado nenhum porque está estagnada e rapidamente sobrecarrega a população.

A isto acresce a questão da impermeabilidade do solo. A cidade de N'Djamena é famosa pela sua impermeabilidade, o que resulta numa fraca infiltração das águas pluviais.

Note-se que, para que as inundações ocorram com pouca frequência, a quantidade de água infiltrada deve ser superior à quantidade de água que circula à superfície da terra. A isto juntam-se a intensidade e a abundância da precipitação acima referida, a ausência de vegetação no solo para limitar a ação da água e o declive do terreno (bacia).

[6]Os bairros de Abena, Atrone, Ambata, Amtoukoui e Boutalbagara estão rodeados de *Boutas* . Segundo a história contada por um antigo habitante de Fort-Lamy (antiga N'Djamena), N'Djamena chamava-se Bassin (Bacia) porque a sua superfície era praticamente ocupada pela água, sobretudo durante a estação das chuvas, e só pouco a pouco os habitantes começaram a construir, mas, como diz o ditado, *"a água toma sempre o seu leito, mesmo que seja obrigada a mudar de rumo"*. No entanto, os vestígios ainda são visíveis nos pântanos que circundam os bairros.

O relevo é um fator essencial que determina em grande medida a extensão do escoamento, da infiltração e da evaporação. Caracteriza igualmente o carácter hidrológico do terreno.

3.2. FACTORES ANTRÓPICOS NAS INUNDAÇÕES

As inundações nos bairros de Abena, Atrone, Amtoukoui, Ambata e Boutalbagara são uma combinação de dois factores: naturais e antrópicos. Verificámos que, a par das causas naturais, como as variações climáticas e a forma do terreno, a ação do homem é, sem dúvida, uma das causas mais marcantes. Estas causas antrópicas incluem a pressão demográfica, a

[6] Boutas: Marigots em árabe chadiano local

utilização dos solos e o desenvolvimento urbano.

3.2.1. Pressão demográfica e utilização dos solos

Há várias décadas que a cidade de N'Djamena se vê confrontada com inundações. As causas são a pluviosidade e a ocupação do solo. Esta ocupação anárquica, parcial ou total, alterou o leito das águas, provocando inundações recorrentes. A pressão demográfica, mal gerida pelas autoridades responsáveis do município, cujos bairros estudados lhe são dedicados, explica em parte os problemas de inundação que . As inundações estão ligadas à ocupação anárquica do território, sem respeito pelo esquema urbanístico. O 7º arrondissement é densamente povoado. "*Em tempos, as áreas ocupadas pela população estavam vazias, enquanto outras eram utilizadas como bacias de retenção de água, também conhecidas como marigots. Pouco a pouco, a cidade cresceu e as pessoas começaram a ocupar essas piscinas, que agora se tornaram casas, impedindo que a água voltasse ao seu leito normal.* água, e das inundações em particular, continua a ser uma preocupação real que ainda não conseguimos gerir, daí a ocupação de terrenos para diversos fins.

[7]A população cresceu rapidamente nas últimas décadas; de acordo com o segundo RGPH de 2009, a população do 7e arrondissement é de 223.231 habitantes. Com o passar dos anos, a população continua a multiplicar-se. No Chade, a taxa de crescimento anual é de 3,6%. [8]Com base nas projecções feitas pelo INSEED sobre a população de N'Djamena, tomamos o número de habitantes em 5 anos para confirmar a forte pressão demográfica em questão.

Quadro 3. Crescimento da população em N'Djamena de 2009 a 2019

Ano	População
2009	954200
2010	1005500
2015	1266400
2018	1454671
2019	1521882

Fonte: Instituto Nacional de Estatística, Estudos Económicos e Demográficos

[7] Recenseamento Geral da População e da Habitação.

[8] Instituto Nacional de Estatística, Estudos Económicos e Démográficos.

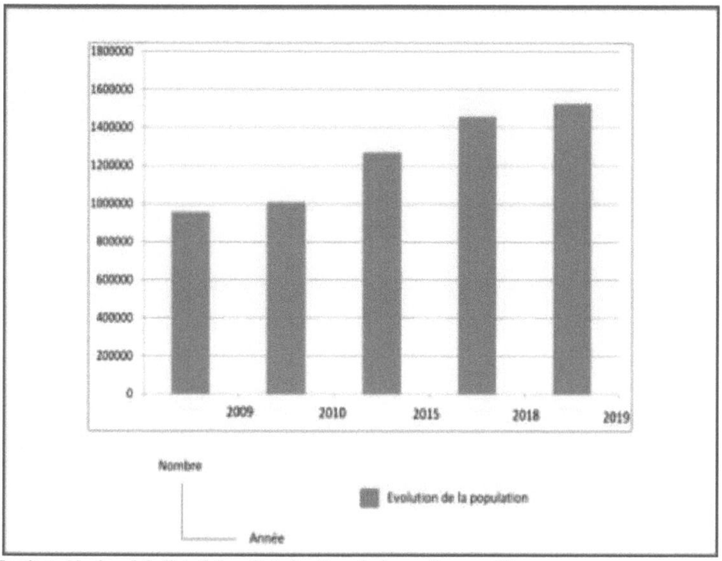

Fonte: Instituto Nacional de Estatística, Estudos Económicos e Demográficos

Figura 3. Crescimento da população em N'Djamena de 2009 a 2019

O quadro 3 e o diagrama (figura 3) mostram que a população está a mudar rapidamente, o que resulta numa distribuição desigual da população em todo o Chade, particularmente em N'Djamena. Perante esta pressão, estes habitantes, na procura de um lugar para viver, começam a procurar terrenos, o que resulta numa ocupação desrespeitosa e na ocupação espaço destinado à recolha de águas pluviais. Estas áreas são ocupadas pelos habitantes, obrigando os pântanos e os riachos a mudar de direção. Como resultado, a área fica quase toda inundada. As casas estão inundadas e as estradas são inacessíveis porque a ocupação foi efectuada de forma anárquica, sem ter em conta as drenagens. O estudo exploratório efectuado nestes bairros revelou a inexistência de esgotos. Dada a elevada densidade populacional, as casas são construídas de tal forma que a água fica estagnada, tornando o isolamento causado pela elevada pressão demográfica o verdadeiro problema.

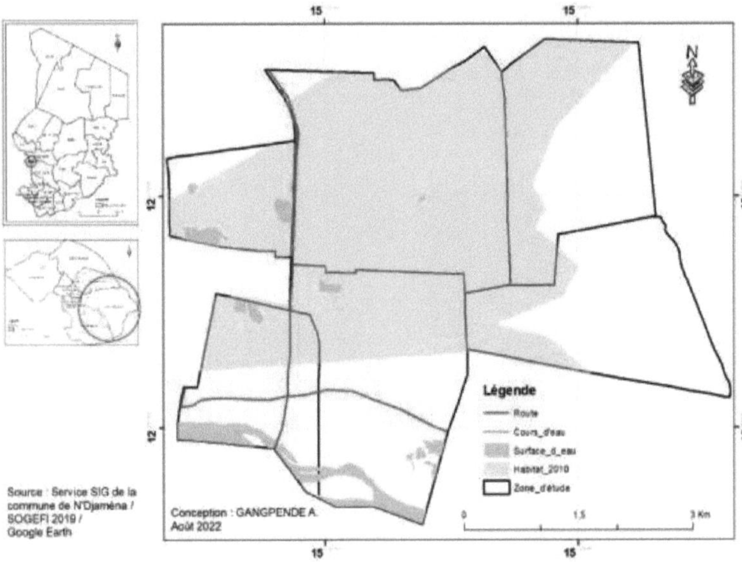

Figura 4. Expansão urbana na área de estudo (Ano 2010)

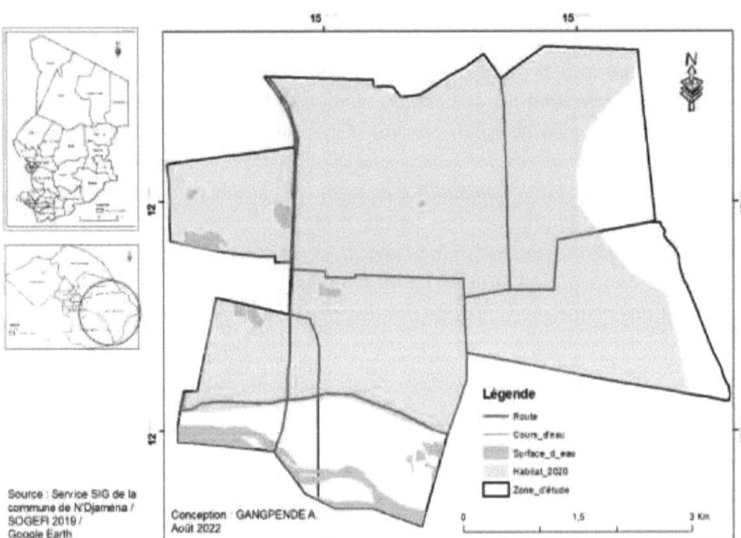

Figura 5. Expansão urbana na área de estudo (Ano 2020).

Estes dois mapas (Figuras 4 e 5) mostram o número de habitantes durante esta década. Dispomos de mapas de expansão urbana para 2010 e 2020. Este intervalo de 10 anos dá-nos uma melhor ideia da taxa crescimento da população. Quanto mais a população cresce, mais espaço é ocupado, de tal forma que, sem nos apercebermos, estamos a ocupar o espaço destinado à recolha das águas pluviais. A consequência é a população é engolida pelas águas das cheias, a menos que exista um sistema simples de canalização que a mantenha fora de perigo. O aspeto migratório da população é um dos principais factores da explosão demográfica do 7º arrondissement.

3.2.2. Desenvolvimento urbano

A urbanização conduz a um aumento líquido da impermeabilização dos solos e a uma alteração dos canais e dos leitos naturais das águas pluviais devido aos trabalhos de urbanização efectuados, nomeadamente a construção de edifícios, de estradas (betume), etc. As consequências da urbanização desenfreada são a fraca infiltração das águas e uma elevada taxa de escoamento superficial, que conduz inundações.

É de notar que o regime de um curso de água depende das obras de urbanização efectuadas na zona. Um espaço aberto destinado às águas pluviais não deve ser ocupado por habitações, porque mais cedo ou mais tarde, durante as cheias, esta água voltará a ocupar o seu leito. Se o fizer, cria um novo leito, que pode ser benéfico para a população.

Em primeiro lugar, é preciso notar que a história contada pelas autoridades responsáveis pela cidade de N'Djamena nunca teve tempo suficiente para traçar o mapa da cidade tal como ela deve ser, tendo em conta todos os constrangimentos ligados ao seu desenvolvimento.

As áreas construídas (habitações) são mais numerosas do que os terrenos nus, mas alguns dos bairros periféricos recentemente criados no 7.º distrito'como Djigo, Siguétté, Kliwiti e Adinio, estão praticamente vazios. O crescimento só se acentua em bairros como Abena, Atrone, Ambata, Amtoukoui e Boutalbagara, criando uma densidade populacional bastante elevada. As casas estão a ser construídas para ocupar os espaços tradicionalmente utilizados para a água.

Algumas autoridades da cidade, nomeadamente os presidentes de câmara, venderam ou dedicaram outros espaços (marigots) para fins diversos (mercados, campos de futebol, etc.). É o caso dos mercados de Abena, Atroné, Boutalbagara e Ambata. [9][10]Do mesmo modo, o mercado de peixe, ainda conhecido por Tarodona, é um mercado informal criado e ocupado anarquicamente por mulheres vendedoras de peixe, apesar de as autoridades as terem expulsado.

A cidade de N'Djamena foi muito rapidamente invadida por habitações. Como se costuma dizer, as casas cresceram como cogumelos nas últimas décadas e o aspeto da gestão da água foi sempre esquecido.

[9] Em árabe local, significa que fomos expulsos.
[10] Calculado em Qgis

Figura 6. Vista aérea da nossa área de estudo no Google Earth (31 de maio de 2020)

Esta vista aérea (Figura 6) mostra uma área construída concentrada, resultado da pressão demográfica através da construção (estradas, edifícios, etc.). A nossa área de estudo abrange uma superfície de 25,163 km [(210)]*, quase inteiramente ocupada por habitações, principal causa das inundações. Nalgumas partes da zona, não existe qualquer escoamento, como nos disseram os habitantes durante os nossos inquéritos.*

Foram realizadas algumas obras rodoviárias, mas é de notar que os traçados foram concebidos de forma a contornar a cidade para fazer face ao tráfego, o que lhe confere o seu carácter militar. Isto não é idealista em termos de melhoria do desenvolvimento urbano da cidade. Construir estradas é muito bom, mas pensar na drenagem é ainda melhor. Como podemos compreender que um bairro não seja servido por nenhum esgoto, para além das pequenas redes de drenagem criadas pela população? Isso não basta, pois é necessário o envolvimento das autoridades responsáveis, mas lamentamos a falta de esgotos.

Figura 7. Vista aérea das bacias de retenção de água no Google Earth (31 de maio de 2020)

Em 2012, a empresa de construção ENCOBAT iniciou a construção de drenos e de algumas bacias de retenção de água no 7.º bairro, mas os trabalhos não foram concluídos. Normalmente, um canal deve ser construído com um declive para escoar as águas pluviais dos bairros em direção a uma fonte de água (rios, lagos, etc.), o que não é o caso destas "caleiras".

Além disso, como a inclinação é maior em direção às casas, a água corre para dentro das casas quando chove. Nos termos acordo celebrado entre a empresa e o município do 7º arrondissement, deviam ser escavadas duas bacias de retenção de água para escoar as águas pluviais para o rio. Mas as bacias não têm sequer 2 metros de profundidade. Assim, logo que caem as primeiras chuvas, estas bacias e caleiras já estão cheias e a água corre para dentro das casas em vez de escoar para o lago. Assim, as inundações na nossa área de estudo tornam-se reais e regulares.

Coordenadas: X: 12.0594 Y: 15.0625

Coordenadas: X: 12.0623 Y: 15.0584

Placa 1. A mesma zona durante e após a inundação

Foto: Aristide GANGPENDE

1ª foto (02 de abril de 2020 às 13h03:24) e 2ª foto(s) (21 de agosto de 2020 às 15h12 :57)

Esta placa, composta por duas fotografias (1 e 2) tiradas no distrito de Abena, mostra uma situação realista fotografada no mesmo local em duas épocas diferentes (cheia e vazante). Nesta placa, podemos ver que na 1ª foto a área está livre de água durante a estação das cheias, durante a estação das cheias a área está completamente inundada. O tubo (indicado na foto pela seta vermelha) construído pela empresa foi inútil. Como o nível da água é baixo, assim que chove, o canal enche-se de água, que transborda naturalmente.

Para além das questões acima referidas, é importante salientar a falta de civismo da população, que se centra na questão da insalubridade. As pessoas deitam o lixo nos esgotos. As sarjetas estão entupidas de sujidade que impede o normal escoamento da água sob o olhar impotente das autoridades municipais. Há também o problema da falta de esgotos em certos bairros da zona, como Boutalbagara, Atrone e Ambata, que não têm qualquer esgoto. Outro problema apontado pela população é o desentendimento entre os moradores, com os bairros não servidos de esgotos a escoarem a água para outros bairros vizinhos. A água drenada de outros bairros é uma das causas das inundações recorrentes na nossa área de estudo.

Foto 1. Lixo doméstico num esgoto (condição insalubre)

Tiro: Aristide GANGPENDE em 07 de outubro de 2020 às 08h33: 29

Coordenadas: X: 12.0599 Y: 15.0590

No final do capítulo 3 sobre os factores explicativos das inundações na nossa área de estudo, foram apresentadas as principais causas das inundações nos bairros de Abena, Atrone, Ambata, Amtoukoui e Boutalbagara. Foram apresentadas as principais causas das inundações nos bairros de Abena, Atrone, Ambata, Amtoukoui e Boutalbagara, e foi acordado que as inundações na nossa área de estudo são uma combinação de causas naturais (variação climática e geomorfologia) e causas humanas (pressão demográfica tendo em conta a utilização do solo e o desenvolvimento urbano). Partimos da constatação de que as variações climáticas conduzem a precipitações irregulares e por vezes abundantes, sem esquecer o aspeto morfológico do terreno (declive, bacia, etc.) e o seu carácter impermeável, que favorece o escoamento superficial e, consequentemente, as inundações. Na segunda parte, apontámos o dedo à pressão demográfica, fonte de uma ocupação anárquica do território pela construção e por diversas obras de urbanização (estradas, edifícios, etc.). Do mesmo modo, os problemas de saneamento em certas zonas da nossa zona de estudo e a falta de civismo da população (insalubridade e saneamento) são igualmente analisados.

CHAPITRE 4. CARACTERIZAÇÃO DAS DOENÇAS RELACIONADAS COM A ÁGUA NOS DISTRITOS DE ABENA, ATRONE, AMBATA, AMTOUKOUI E BAIRROS DE BOUTALBAGARA

INTRODUÇÃO

As doenças relacionadas com a água são das mais recorrentes em todo o mundo e estão frequentemente ligadas a vários factores. Nas últimas décadas, o Chade teve de lidar frequentemente com questões de inundações, falta de água, higiene e saneamento. Os factores de inundação enumerados no capítulo anterior permitir-nos-ão responder à nossa pergunta sobre as repercussões das inundações na saúde na nossa área de estudo. Para isso, concentrámo-nos em dois pontos fundamentais: as principais causas das doenças relacionadas com a água e, em segundo lugar, as caraterísticas dessas doenças.

4.1. CLASSIFICAÇÃO DAS DOENÇAS RELACIONADAS COM A ÁGUA

Existem muitas doenças que podem ser transmitidas pela água e são classificadas em vários tipos; no entanto, apenas trataremos aqui das que estão relacionadas com a água. Mas, antes de mais, é muito importante distinguir entre doenças transmitidas pela água e doenças relacionadas com a água. Estes dois termos ainda causam confusão em alguns estudos.

♦♦♦ ***Doenças de origem hídrica***: no sentido geral do termo, as doenças de origem hídrica são doenças (e, por extensão, riscos para a saúde) ligadas à qualidade da água e ao acesso à água potável. De acordo com Razak (2017), as doenças relacionadas com a água são todas as doenças ou alterações do estado de saúde de uma pessoa diretamente relacionadas com a utilização ou o consumo de água de má qualidade ou contaminada.

♦♦♦ [11]***Doenças relacionadas com a água***: de acordo com a Organização Mundial de Saúde (OMS, 1994), todas as doenças indiretamente ligadas à água ou doenças causadas pelos vários agentes patogénicos encontrados em diferentes fontes de água.

Quadro 4. Classificação das doenças relacionadas com a água

Doenças	Germes	Volutas de transmissão	Vectores	Evento	Áreas geográficas
Paludismo	*Plasmodium (Falsiparum. malariae, ovale, vivax)*	Sangue	- *Anophela (gambiae. funestus, moucheti, arabiensis)*	- Febre - Cefaléc - Vómitos	Endémica na zona intertropical
Febre tifoide	- *Salmonella typhi*	Oral	- Água e alimentos contaminados	- Prisão de ventre - Dor de cabeça - Perda de apetite - Dores de estômago - Diarreia	Em África, na América Latina, na Ásia Central e no Sudeste Asiático
Gastroenterite	• *Campylobacter jovem* • *Yersina enterocolita* • *Rotavírus, astrovírus e fadenovírus* • *Norovírus*	Oral	- Água e alimentos sujos	- Dores e câibras abdominais - Prisão de ventre intensa - Diarreia - Flatulência (excesso de gases) - Sentimento de ballonncmcnt	Em todo o mundo
Bilharziose (Esquistossomose)	- *Schistosoma (Hemaetobium.*	Pele	- Água suja	- Dor abdominal - Diarreia	Zona tropical e subtropical

[11] Citado por Razak

	mansoni, intercalatum)			- Comichão nos genitais - Dermatite papular dos pés	
Dracunculíase	- *Verme da Guiné*	Pele	- Água suja	- Comichão - Sensação de ardor e dor - Febre e erupção cutânea	Zona tropical e subtropical
Cólera	- *Vibrião da cólera*	Oral	- Água e alimentos contaminados	- Diarreia aquosa - Cãibras musculares intensas - Micção reduzida ou ausente - Pressionar os olhos Forbite	África Subsaariana
Dermatoses	- *Staphylococcus sp*	Pele	- Água suja (contacto direto)	- Comichão intensa	Zona tropical e subtropical

Fonte adaptada de Razak: Pich er al, 2001 e OMS, 2003

Agentes patogénicos de doenças relacionadas com a água

Um agente patogénico é um fator capaz de causar lesões ou doenças (processo de doença) em animais ou plantas. É feita uma distinção entre agentes patogénicos exógenos e endógenos.[12]

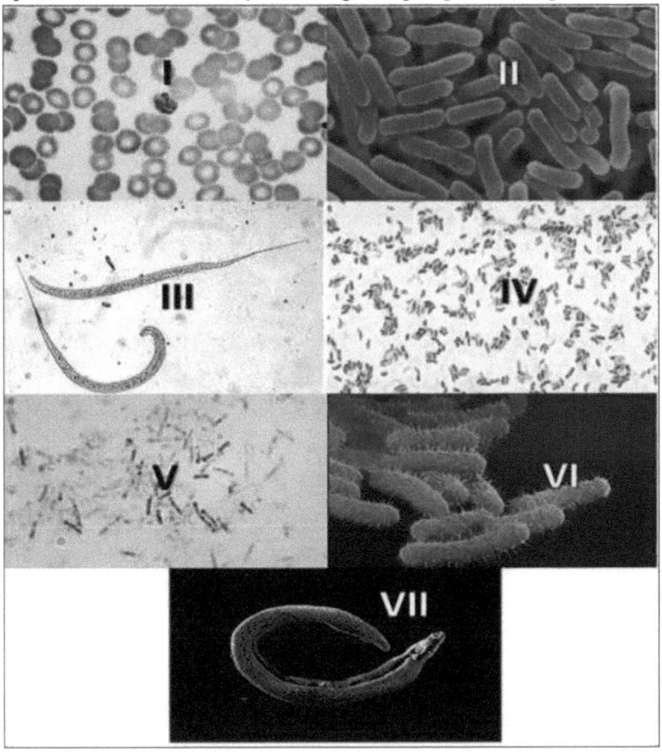

Placa 2. Vistas microscópicas das bactérias responsáveis por algumas doenças recorrentes relacionadas

[12] https://fr.wikipedia.org/wiki/Agent_pathog%C3%A8ne

com a água.

Fontes das imagens: www.microbes-edu.org e www.vetbact.org

*Temos uma placa (2) composta por 7 imagens que representam ao microscópio as bactérias ou agentes responsáveis pelas doenças relacionadas com a água. Todas estas bactérias pertencem à família Bacillus, com exceção do Plasmodium, que pertence à família Cocci. A imagem (I) mostra **o Pasmodium**, a imagem (II) **a Salmonella**, a imagem (III) **o Verme da Guiné**, a imagem (IV) **o Vibrio cholerae**, a imagem (V) **o Dichelobacter Nodosus**, a imagem (VI) **a Shigella** e a imagem (VII) **o Schistosoma**. Segue-se uma descrição das imagens, com base no Google, OMS e www.msdmanuals.com:*

♦ **O Plasmodium** é o agente patogénico da malária nos seres humanos. O parasita é transmitido aos seres humanos pela picada do anopheles (um mosquito encontrado principalmente em regiões quentes). Nos seres humanos e noutros animais, infecta primeiro os hepatócitos (células do fígado) e depois, durante o ciclo do parasita, os eritrócitos (células do sangue responsáveis pelo transporte de oxigénio). Outras espécies de plasmódio foram encontradas em vários animais endotérmicos (animais capazes de produzir calor interno), como macacos e aves, mas também em animais ectotérmicos (animais que vivem à temperatura ambiente, o oposto dos animais endotérmicos), como os lagartos.

♦ ♦♦ **A Salmonella** é um género de proteobactérias (um grupo de bactérias) pertencente à família Enterobacteriaceae (encontrada no solo). [13]Medem 0,7 a 1,5 µm de diâmetro e 2 a 5 µm de comprimento. Nos seres humanos, causam doenças como a febre tifoide, a febre paratifoide e a salmonelose, uma das principais causas de intoxicação alimentar colectiva.

♦ /- **O verme da Guiné**, conhecido em latim como *dracunculus medinensis*, provoca uma doença incapacitante e dolorosa que começa com uma bolha, geralmente na perna. Na altura da erupção, pode haver prurido, febre, dores violentas e sensações de ardor.

♦ ♦♦ **O Vibrio cholerae** é uma bactéria gram-negativa, em forma de bastonete curvo e móvel, responsável no homem pela cólera, uma doença epidémica contagiosa. Esta bactéria produz uma toxina responsável pelos sintomas associados à doença.

♦ ♦♦ **Dichelobacter nodosiis**, anteriormente *bacteroides nodosus,* um anaeróbio (uma espécie capaz de viver num ambiente sem ar) e o agente causador da podridão e dermatite do pé de carneiro.

♦ **Shigella** estritamente patogénica, encontrada exclusivamente em humanos. O seu nome foi dado em homenagem ao bacteriologista japonês Kiyoshi Shiga. É um agente responsável pela gastroenterite.

♦ ♦♦ **Schistosoma**, o agente patogénico da bilharziose. Estes parasitas, chamados
Os trematódeos infectam os vasos do trato digestivo ou genitourinário.
É de salientar que a Shigella e a Salmonella são responsáveis pela gastroenterite.

4.1.1. Doenças ligadas à água suja

Trata-se de doenças causadas por água suja contaminada por resíduos humanos, animais ou químicos. As doenças relacionadas com a água suja incluem a malária, a febre tifoide, a cólera e a gastroenterite.

♦♦♦ *Malária*

Malária é um termo derivado do latim *paludis*, que significa "*pântano*". Doença infecciosa causada pelo germe Plasmodium, a malária é a doença infecciosa mais difundida no mundo e

[13] Micrómetro : Dispositivo utilizado para medir dimensões microscópicas.

é transmitida por mosquitos que vivem em água estagnada, água suja ou num ambiente insalubre. Também conhecida como paludismo, a malária é uma doença parasitária que provoca febre e problemas digestivos. É transmitida aos seres humanos principalmente através da picada de um mosquito infetado (a fêmea do género ***Anopheles***) e, mais raramente, através de uma transfusão de sangue ou da transmissão de mãe para filho durante a gravidez.

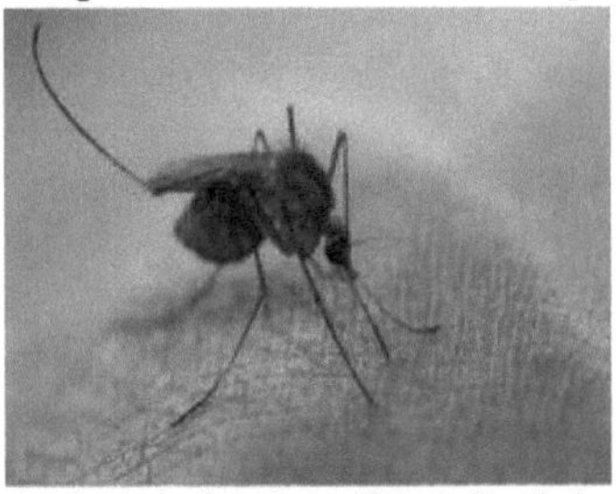

Foto 2. Fêmea de Anopheles (foto de Doctissimo.fr)

A fotografia (foto 2) mostra uma fêmea de anopheles (vetor da malária) pousada na pele humana. É facilmente reconhecível pelas suas escamas negras.

Em 2015, a OMS registou 212 milhões de casos de malária, incluindo 429.000 mortes. Cerca de 90% destes casos ocorreram na África Subsariana. Além disso, dois terços das mortes relacionadas com a malária ocorrem em crianças com menos de 5 anos.

Os sintomas da malária aparecem 9 a 30 dias (dependendo da espécie de Plasmodium) após a infeção por uma picada de mosquito. Os sintomas incluem febre, dores de cabeça, vómitos, dores musculares e fadiga. Se for infetado pelo P. falciparum e não for tratado durante 24 horas, a malária progride para doenças mais graves e frequentemente fatais.[14]

[15]O paludismo (principalmente P.falciparum) caracteriza-se como grave quando um órgão vital é afetado, quer imediatamente, quer após um atraso no tratamento. As complicações são variadas (dificuldade respiratória, insuficiência renal, coma, convulsões, etc.) e podem levar a sequelas irreversíveis ou à morte.[16]

Os seres humanos são diagnosticados como sendo os mais afectados por este agente patogénico, através da picada de um mosquito infetado (anopheles fêmea). O ciclo de reprodução e multiplicação ocorre no mosquito, que pode então transmitir o parasita a outros seres humanos. Após a picada, no ser humano, os esporozoítos contidos nas glândulas salivares do anopheles permanecem na pele e no sangue durante menos de 30 minutos antes de chegarem ao fígado. Os parasitas infectam os glóbulos vermelhos do sangue, multiplicam-se e provocam a dissolução dos glóbulos vermelhos. A malária pode persistir no sangue e reativar-se após vários anos.[17]

♦♦♦ ***Febre tifoide***

A febre tifoide é causada pela bactéria Salmonella. As pessoas estão expostas ao risco de contrair a doença ao ingerir água ou alimentos contaminados com fezes ou urina de uma pessoa doente ou portadora crónica. A febre tifoide é uma doença sistémica de intensidade variável. Pode ir de uma febre ligeira a uma doença sistémica grave. Esta última é acompanhada de perfuração abdominal e infeção extra-intestinal. As pessoas são infectadas

[14] OMS

[15] Plasmodium falciparum

[16] https://www.sante-sur-le-net.com/maladies/maladies-parasitaires/paludisme/

[17] http://www.inrs.fr/publications/bdd/eficatt/fiche.html?refINRS=EFICATT Malária

depois de consumirem alimentos ou bebidas que foram manipulados por uma pessoa infetada ou através da ingestão de água que foi contaminada com efluentes que contêm a bactéria. Uma vez que as bactérias entram no corpo de uma pessoa, multiplicam-se e espalham-se dos intestinos para a corrente sanguínea).

♦♦♦ ***Cólera***

A cólera é uma infeção bacteriana diarreica aguda causada pelo bacilo Gram-negativo Vibrio cholerae, que produz uma toxina responsável pelos sintomas associados à doença. A cólera é endémica nos trópicos húmidos de África e da Ásia, e epidémica em alguns países da América Latina e em zonas secas (Sahel). A África é o continente mais afetado, com casos notificados que representam mais de metade de todos os casos mundiais todos os anos.

A infeção ocorre através da ingestão água ou alimentos contaminados. A maioria das pessoas infectadas não apresenta sintomas. Os sinais da doença aparecem em 25% dos pacientes afectados: diarreia líquida em jorros (vários litros por dia), vómitos e sentimentos ansiedade.

Na nossa área de estudo, não foi registado qualquer caso de nas últimas duas décadas, de acordo com os gestores dos centros de saúde.

♦♦♦ ***Gastroenterite***

A gastroenterite é uma das principais razões para consultar um médico, especialmente um pediatra. As gastroenterites ocorrem frequentemente em crianças com menos de três anos. geralmente de infecções , caracterizadas por problemas digestivos agudos (diarreia, dores abdominais, vómitos), acompanhados de sinais gerais geralmente discretos. Os agentes responsáveis pela gastroenterite podem ser bactérias, parasitas ou vírus: bactérias (Salmonella, Shigella, Campylobacter, E. coli, Yersinia e Vibrio cholerae) e parasitas (Giardia, Cryptosporidium, amebas, etc.).

Nos adultos, os vírus mais frequentemente responsáveis pela diarreia são os norovírus (Caliciviridae), que provocam frequentemente epidemias de origem alimentar ou hídrica. Os astrovírus são também responsáveis pela gastroenterite nas crianças, nos idosos e nos imunocomprometidos. Os adenovírus entéricos são responsáveis por gastroenterites não sazonais. Estes vírus multiplicam-se nos enterócitos do intestino delgado. São transmitidos principalmente através do trato digestivo (fecal-oral) e a contaminação pode ser direta (pessoa a pessoa) ou indireta (através de água ou alimentos contaminados). [18]Nos países tropicais, por outro lado, a gastroenterite ocorre durante todo o ano e a mortalidade permanece elevada nos países em desenvolvimento, com cerca de 4.000 a 600.000 mortes por ano (OMS) .

Outra doença relacionada com a água é a anemia. A OMS classifica a anemia como uma doença relacionada com a água. Na nossa área de estudo, mais concretamente em Atrone (Centro de Saúde de Atrone), foram registados dois casos em 2016, que levaram à morte destes doentes. Para além destes casos, não foram detectados outros casos nos anos escolhidos para o nosso estudo. A principal causa é a deficiência de ferro, a forma de deficiência nutricional mais difundida no mundo. Para além da carência de ferro, um conjunto de infecções associadas à higiene, ao saneamento e à qualidade e gestão da água são importantes contribuintes para a anemia.

4.1.2. Doenças relacionadas com o contacto com água suja

Embora existam doenças que não requerem o contacto constante com a água para se contraírem, há outras que resultam do contacto com a água.

♦♦♦ ***Bilharziose***

---

[18] http://www.microbes-edu.Org/etudiant/gastro-ent:erit:es.html

A bilharzíase, também conhecida por esquistossomose, é uma doença que afecta sobretudo as zonas tropicais. Milhões de pessoas em todo o mundo sofrem desta doença. A doença é contraída através do contacto com água suja, que transporta os parasitas para a pele. Existem vários tipos de bilharzíase: intestinal e urinária. No nosso caso, estamos a falar da bilharziose urinária porque é específica dos países quentes, como os da África subsariana. O agente patogénico desta doença é o schistosoma. Os parasitas penetram na pele e migram para os órgãos onde se instalam. Esta situação pode durar de 1 a 6 semanas, causando febre, comichão e dor. As pessoas com bilharziose têm dificuldade em urinar e, mesmo quando o fazem, a maior parte das vezes a urina parece sangue. Se não for tratada, esta doença pode levar à esterilidade.

♦♦♦ ***Dermatoses***

O nome genérico Dermatose, também conhecido como Dermatite, refere-se a todas as afecções da pele e das membranas mucosas, independentemente da sua causa. Do grego antigo *δέρμα / derma* que significa "pele", dermatite implica uma noção de inflamação da pele. Uma dermatite (por vezes chamada *eczema*) é uma inflamação das camadas superficiais da pele caracterizada por comichão, bolhas, vermelhidão, inchaço e, frequentemente, exsudação, formação de crostas e descamação. As causas conhecidas incluem pele seca, contacto com uma determinada substância, certos medicamentos, varizes e coçar constante.

A dermatite pode ser uma reação breve a uma substância, que dura apenas algumas horas ou um dia ou dois. A dermatite corresponde a uma reação da pele, a uma secura grave, a lesões que coçam, a uma substância irritante ou a um alergénio.[19]

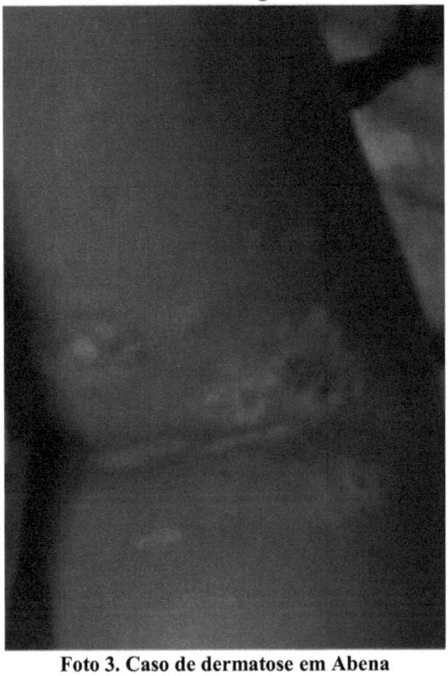

Foto 3. Caso de dermatose em Abena

Foto: Aristide GANGPENDE de 22 de setembro de 2020 às 15:09
Coordenadas: X: 15.0626 Y: 12.0593

19 https://www.msdmanuals.com/fi7accueil/troubles-cutan%C3%A9s/prurit-et-dermatite/pr%C3%A9sentation-de-la-dermatite

Esta fotografia (3) foi filmada em Abena, na praça 24, num terreno a cerca de 20 metros de um pântano cujas águas se derramavam no terreno, e mostra o braço afetado de uma menina de 2 anos que sofre de dermatite. As feridas foram causadas por bolhas que deixaram feridas quando rebentaram.

♦♦♦ *Dracunculíase (verme da Guiné)*

A doença do verme da Guiné, anteriormente conhecida como filariose medina, é uma doença parasitária causada pelo verme da Guiné ou *dracunculus medinensis*. Pode ser transmitida pela ingestão de água contaminada. O verme da Guiné é um parasita que vive no solo. Detectado em

No Chade, em 2012, estes parasitas perfuram a pele para se alojarem no corpo. Provocam dores fortes. As pessoas que sofrem de dracunculíase têm dificuldade em deslocar-se por causa da dor. As pessoas em maior risco são as que vivem perto dos pântanos. Atualmente, não existe vacina contra a dracunculíase.

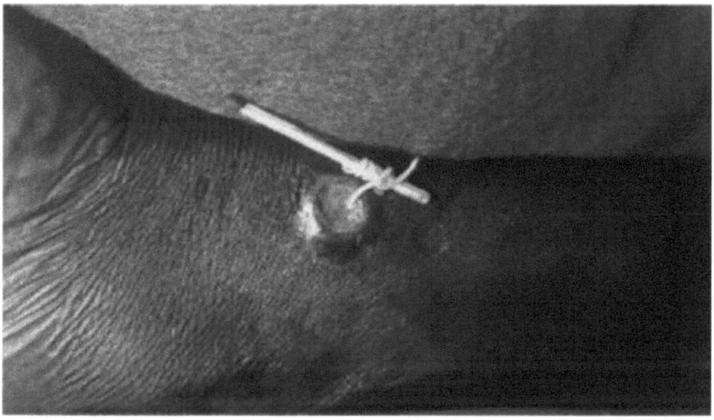

Foto 4. Caso de Dracunculíase

Foto: Médicos Sem Fronteiras Chade (16 de março de 2020)

Nesta fotografia (4), o pé de uma pessoa que sofre da doença do verme da Guiné está a extrair o verme da pele usando palito de fósforo. O verme pode ter até 30 cm de comprimento. O verme cresce progressivamente se não for extraído do corpo.

4.2 DOENÇAS RELACIONADAS COM A ÁGUA: Água da chuva (inundada e estagnada) e higiene/saneamento

A água é um elemento essencial para a sobrevivência da maioria das espécies, mas em alguns casos também pode ser um fator de risco. As doenças relacionadas com a água todas as doenças indiretamente ligadas à água, bem como as doenças causadas pelos vários agentes patogénicos encontrados em diferentes fontes de água. A água desempenha um papel muito importante na nutrição humana e nas muitas actividades ditadas pelas condições de vida. A quantidade, tal como a qualidade, é um dos indicadores a considerar quando se avalia o nível de satisfação humana com a água (Toponi, 2013). No nosso estudo, tanto a água da chuva que transborda como a água estagnada têm um impacto na saúde humana.

4.2.1. Águas pluviais

A maioria das doenças relacionadas com a água nos bairros de Abena, Atrone, Amtoukoui, Ambata e Boutalbagara ocorre durante a estação das chuvas. As doenças relacionadas com a água podem resultar do contacto direto com a água ou através de vectores de transmissão. De acordo com um estudo da OMS publicado em 2015, o mundo regista mais de 4 mil milhões de infecções gastrointestinais por ano. As infecções causaram a morte de 1,8 milhões de pessoas em 2002. A população do Terceiro Mundo é a mais afetada. Na África Subsariana, em particular, o número de casos registados atinge o seu máximo durante a estação das chuvas, o que evidencia o impacto das inundações na saúde das populações locais.

A água da chuva proveniente de fontes naturais é uma das principais causas de doenças relacionadas com a água, como a malária e a dermatite. A água não é um recurso como outro qualquer: é fundamental para a vida. Os bairros de Abena, Atrone, Amtoukoui, Ambata e Boutalbagara recebem anualmente, desde há algumas décadas, uma grande quantidade de chuva. As chuvas, muitas vezes mais intensas ou abundantes, facilitam o transporte e a deposição de substâncias e resíduos nas fontes de água da população.

Os períodos de chuva são considerados uma bênção, pois dão esperança aos produtores de alimentos. No entanto, são também acompanhados de um aumento de certas doenças. Os habitantes estão regularmente expostos à ameaça de várias doenças transmitidas pela água, como a malária, a febre tifoide e a dermatite. De acordo com os registos de consultas e tratamentos dos centros de saúde da nossa área de estudo, as crianças são o grupo mais afetado e vulnerável. Ao brincarem frequentemente em água estagnada e suja, estas crianças estão expostas a micróbios que podem levar a casos de doença ou contaminação entre elas.

Na nossa zona de estudo, as consequências de chuvas fortes ou abundantes são numerosas, nomeadamente o transbordamento das águas dos charcos e das sarjetas e a contaminação das habitações cujas fontes de água potável estão próximas desses charcos e dessas sarjetas. O resultado é a humidade nas casas, a presença de mosquitos (Anopheles, vetor da malária) e a contaminação das fontes de água (poços, furos, etc.). Quatro (4) grandes grupos de doenças estão relacionados com a disponibilidade e a qualidade da água. Trata-se de doenças ligadas à contaminação da água, doenças ligadas à contaminação da água por substâncias tóxicas e doenças transmitidas por vectores. A transmissão da malária por mosquitos devido à água estagnada e às sarjetas nos bairros cheios ilustra a última categoria de doenças mencionada.

Foto 5. Água estagnada

Tiro: Aristide GANGPENDE em 09 de setembro de 2020 às 10h21:12

Coordenadas: X: 15.0730 Y: 12.0558

Nesta fotografia (5), podemos ver, ao fundo, os habitantes mal se aguentam de pé (quebrados) e uma mulher que vive numa das suas habitações a sair para ir buscar água. Em primeiro plano, vemos uma água estagnada no meio da concessão, causada pelo facto de a zona não ter acesso ao mar. Esta fotografia mostra casas sob a influência da água da chuva, cercadas por água estagnada sem sistema de drenagem. Viver nesta situação expõe os habitantes locais ao risco de contaminação, uma vez que a água contém microrganismos responsáveis pela transmissão de muitas doenças relacionadas com a água.

Na nossa zona de estudo, depois da chuva, vêm as inundações, acompanhadas de perturbações nos serviços de saúde e sociais. Não só as vias de comunicação (estradas) são tragadas pela água época do ano, mas também as casas (concessões, quartos, latrinas, etc.) ficam submersas na água. Sem saber a que santo recorrer, estes habitantes estão expostos a riscos mesmo quando estão em casa, pois nenhuma zona é poupada.

Placa 3. Casa inundada pela água no distrito de Boutalbagara

Crédito da foto: Aimée DJIRO datado de 07 de agosto de 2020 às 07:03

Esta placa (3) é composta por 4 imagens; a primeira mostra o estado de um quarto envolvido pela água ao fundo e uma rapariga. A segunda e terceira imagens mostram a mobília do quarto dentro de água. E, finalmente, na quarta imagem, ao fundo, vemos a vegetação constituída por algumas árvores (papaieiras) e outra rapariga preocupada com o estado da casa. Todas as divisões desta concessão estavam cheias de água e os habitantes tiveram de se mobilizar para se livrarem dela.

Eram obrigados a trabalhar em contacto constante com esta água, o que acabou por afetar a saúde de 6 membros da família (devido à malária e à febre tifoide).

As águas pluviais estão na origem de um certo número de doenças conexas, cujas causas, embora muitas vezes ignoradas, são visíveis. As fortes chuvas no 7º distrito provocaram inundações nas estradas, escolas e outros locais. As actividades quotidianas, como ir escola, ao mercado, ao trabalho - em suma, a vida quotidiana - não podem ser realizadas sem entrar em contacto com a água da chuva, que está na origem de muitas doenças.

Coordenadas: X: 15.0639 Y: 12.0610 Coordenadas: X: 15.0671 Y: 12.0620

Coordenadas: X: 15.0606 Y: 12.0611 Coordenadas: X: 15.0632

Placa 4. Inacessibilidade das estradas, escolas e locais de trabalho

Nesta placa (4) composta por quatro (4) imagens, a primeira (1) mostra a estrada principal que dá acesso ao 7° arrondissement completamente inundada, apesar de ser a estrada principal. A mobilidade dos habitantes nestas condições expõe-nos aos riscos de dermatite, malária e muitas outras doenças.[20][21] *A segunda (2) e a quarta (4) imagens mostram os alunos que vão fazer os exames BEPC/T no liceu e no CEG de Abena, enquanto todas as instalações escolares estavam cobertas de água da chuva. A terceira (3) imagem mostra o estado do centro de saúde de Abena. A água das duas bacias de retenção Abena, composta de matéria fecal, lixo e outros resíduos, é a fonte de muitas doenças sofridas pelos habitantes da zona.*

As chuvas fortes e a humidade constante durante a estação húmida favorecem as doenças.

A isto junta-se a questão da contaminação das fontes de água (poços, furos). É importante saber que as águas que transbordam destes pântanos contaminam certas nascentes próximas dos pântanos. Para não falar da distância entre as latrinas e os furos/poços. A impermeabilidade do solo, por si só, não significa que a água não esteja a infiltrar-se nos furos.

Coordenadas: X: 15.0730 Y: 12.0558

[20] Brevet d'Etude du Premier Cycle/Chad

[21] Colégio de Ensino Geral situado em Abena

Coordenadas: X: 15.0624 Y: 12.0596

Placa 5. Influência da água nas fontes de água (furos)

A nossa placa 5 consiste duas imagens filmadas por Aristide GANGPENDE, a primeira (1) em 17 de setembro de 2020 em Atrone, mostrando um furo perto de um pântano. Segundo os habitantes locais, quando a água transborda, mesmo para aceder a esta fonte de água, é preciso entrar na água e, quando se leva a água para um recipientevêem-se algumas partículas esbranquiçadas acompanhadas de algumas partículas verdes na água. Outros tratam com lixívia antes de comer. Se os casos de tifoïdes continuam a aumentar em Atrone, é certamente por causa disso, e os dados de saúde não dizem o contrário.
A segunda fotografia(2) foi tirada a 20 de agosto de 2020 em Abena, numa concessão no quadrado 24. Esta água é tratada com lixívia antes de ser consumida. A contaminação desta fonte é a causa de várias doenças relacionadas com a água. É o caso da maioria das casas situadas perto de marigots ou de bacias de retenção. A isto junta-se o problema da higiene e do saneamento, que deve ser promovido em todo o lado para acabar com este mal.

4.2.2. Higiene e saneamento

Em 2022, 57% da população mundial (4,6 mil milhões de pessoas) tinha acesso a serviços de saneamento geridos de forma segura. Mais de 1,5 mil milhões de pessoas ainda não dispõem de serviços de saneamento básico, como casas de banho ou latrinas privadas. Destas, 419 milhões ainda defecam ao ar livre, por exemplo, em sarjetas, atrás de arbustos ou em massas de água. Em 2020, 44% das águas residuais domésticas produzidas em todo o mundo foram descarregadas no ambiente sem terem sido tratadas (1). Estima-se que pelo menos 10% da população mundial consome alimentos provenientes de culturas irrigadas com águas residuais. A falta de saneamento é prejudicial ao bem-estar humano e ao desenvolvimento social e económico, devido aos seus efeitos em termos de ansiedade, risco de agressão sexual e redução das oportunidades educativas e profissionais. A falta de saneamento está ligada à transmissão de doenças diarreicas como a cólera e a disenteria, bem como a febre tifoide, as infecções por vermes intestinais e a poliomielite. A falta de saneamento está associada à transmissão de doenças diarreicas, como a cólera e a disenteria, bem como à febre tifoide, às infecções por vermes intestinais e à poliomielite.[22]

Segundo alguns habitantes, os marigots são o ponto de encontro das actividades dos habitantes locais. Por todo o lado, há crianças e, por vezes, pessoas idosas que praticam diversas actividades nos pântanos que rodeiam os bairros de Abena, Atrone, Ambata, Amtoukoui e Boutalbagara. As crianças vêm aqui regularmente tomar banho. Paradoxalmente, estas piscinas estão a tornar-se um destino para todo o tipo de lixo da população local. Os resíduos que aí vão parar contêm vários objectos perigosos, incluindo pedaços de vidro que podem provocar cortes e infecções. De facto, as pessoas estão mais preocupadas com a malária do que com outras doenças que são tão perigosas como a malária.

Para evitar que os habitantes locais, nomeadamente as crianças, contraiam certas doenças, é da responsabilidade dos pais garantir que os seus filhos não brinquem em águas poluídas. [23]Para o efeito, deve ser evitada a prática da pesca, conhecida como FOTOK, em águas estagnadas.

Quando a higiene e o saneamento são negligenciados, os habitantes correm o risco de contrair doenças relacionadas com a água. De facto, as águas pluviais dos bairros de Abena, Atrone, Amtoukoui, Ambata e Boutalbagara são utilizadas para diversos fins sem respeitar as regras de higiene e de saneamento. [24]Estas actividades geradoras de rendimento desenvolvidas nestas águas não são apenas benéficas para a vida humana; são também vectores de várias doenças relacionadas com a água. Muitos jovens do bairro da Abena lavam agora as suas motas, carros e outros veículos. A água das bacias de retenção é utilizada durante a estação das chuvas para a lavagem, e durante o período frio, no fim das chuvas, para o cultivo de pepinos. Todas estas formas de utilização da água dos pântanos criam numerosos riscos de doença para os habitantes locais, que são os principais utilizadores. Os

A dermatite e a bilharziose estão entre as principais doenças. As crianças e os jovens dos bairros de Abena, Atrone, Ambata, Amtoukoui e Boutalbagara lavam as suas máquinas.

Coordenadas:X: 15.0671 Y: 12.0620 Coordenadas:X: 15.0671 Y: 12.0620

Placa 6. Máquinas de lavagem

Fonte: Journal TchadInfos e Alwihdainfo

A placa 6 é composta por 2 imagens que mostram a prática da lavagem de veículos por

[22] https://www.who.int/fr/news-room/fact-sheets/detail/sanitation

[23] Em árabe chadiano local, este termo designa uma forma de pesca artesanal praticada em águas estagnadas logo após o fim da estação das chuvas.

[24] Muitas das pessoas que lavam motas dizem que o fazem para sobreviver; são constituídas por órfãos cuja principal fonte de sobrevivência é a lavagem de motas, ou por crianças e alunos (e por vezes estudantes) que o fazem para se prepararem para o ano letivo seguinte.

jovens do 7º arrondissement. A primeira imagem mostra uma via pública (eixo 10 de outubro) e uma paisagem (árvores) ao fundo. Vemos também alguns veículos em trânsito e, em primeiro plano, alguns jovens a lavar motociclos de duas rodas. A segunda imagem mostra uma paisagem de edifícios ao fundo, com a água das cheias ao fundo. Durante os períodos secos, esta estrada é utilizada por máquinas, mas permanece inacessível, exceto por canoa escavada, durante os períodos húmidos marcados pelas cheias. Devido às numerosas actividades que os jovens realizam em torno e no interior destas águas residuais, existe um risco elevado de contrair doenças associadas. A água transporta as bactérias responsáveis por várias doenças.

[25]A pesca de balboutes por crianças nos pântanos durante a estação das chuvas é um fator de risco para elas. [26]Para outros, estes peixes, conhecidos como Balboutes, são vendidos em cabarés. A prática deste passe de Balboutes expõe os praticantes ao risco de doença. De acordo com os registos de consultas e tratamentos que consultámos nos dois centros de saúde de Abena e Atrone, as crianças entre os 10 e os 15 anos são o grupo mais afetado por estas doenças. Consequentemente, não só não correm o risco de contrair as doenças, como também de perder a vida por afogamento.

Placa 7. Pesca tradicional e crianças a brincar em águas estagnadas
Fonte: Jornal TchadInfos e Alwihdainfo.

Esta placa 7, composta por 2 imagens, mostra o estado em que a pesca tradicional é praticada nas águas estagnadas dos bairros da nossa zona. Na primeira imagem, temos uma

[25] Termo em árabe local do Chade para designar uma espécie de peixe de água doce: o peixe-gato. Este tipo de pesca é geralmente praticado durante a estação das chuvas nos pântanos. No entanto, mesmo depois da estação das chuvas, pode ser encontrado nos canos de esgotos e nas águas estagnadas.

[26] Estabelecimento de bebidas nos arredores de N'Djamena (7º arrondissement) que vende a cerveja tradicional conhecida por BILI-BILI.

paisagem de árvores e casas ao fundo, e em primeiro plano, crianças em águas estagnadas segurando os baldes meio cortados usados para apanhar o peixe. E na segunda imagem, temos ao fundo os pedaços dos cântaros no chão nu e, em primeiro plano, duas crianças pequenas a brincar na água estagnada. Estas duas imagens, a primeira filmada em Amtoukoui e a segunda filmada em Ambata pelos correspondentes de TchadInfos e Alwihdainfo com o objetivo de denunciar o perigo que correm estas crianças, ilustram perfeitamente as práticas de risco da população local.

Por último, é importante salientar a falta de civismo da população no que respeita à gestão do lixo e dos resíduos domésticos. [27]Para além de ser a causa das inundações, este problema contribui para a estagnação das águas.

(poluição).

Placa 8. Condições insalubres (antes e durante a estação das chuvas)

A nossa placa 8, composta por 2 imagens, mostra a insalubridade antes e durante a época das chuvas. A primeira imagem mostra o lixo despejado nos canos de água; a segunda, por outro lado, mostra o efeito esse lixo tem sobre a qualidade e a circulação da água. Mesmo nestes esgotos, algumas crianças pescam peixe-gato para comer e vender. Estes canos, poluídos pela água das casas de banho e pelo lixo, são uma fonte de doenças relacionadas com a água.

As pessoas que vivem fora da nossa área de estudo também correm riscos de saúde (doenças relacionadas com a água). Mas de que forma?

É importante notar o aspeto migratório ou móvel das pessoas para compreender melhor o movimento das doenças relacionadas com a água para além da nossa área de estudo. A deslocação de pessoas dos bairros de Kamnda, Chagoua, Chari mongo e Dembé, todos eles pertencentes ao 7º distrito, por diversas razões, explica a mobilidade da doença. Quando se deslocam para o mercado (Abena, Tarodona, etc.), para a escola, para os centros de saúde ou para visitar familiares, estes habitantes são obrigados a utilizar estradas inundadas de água contaminada. Estando em contacto direto com esta água, correm o risco de contrair doenças

[27] Canos de água bloqueados por resíduos domésticos que impedem a circulação da água da chuva na nossa área de estudo.

infecciosas como a bilharziose, a dermatose, o verme da Guiné, etc.
Enquanto visitam as famílias, outros passam lá a noite. Constatamos que os bairros de Abena, Atrone, Ambata, Amtoukoui e Boutalbagara são redutos de mosquitos, os principais vectores da malária. Ao serem picados por mosquitos (anopheles), correm o risco de contrair a doença. Podem também contrair a doença ao beber água contaminada. Por conseguinte, é importante notar que a deslocação da população (mobilidade) aumenta o risco de contrair doenças de origem hídrica nas pessoas que vivem fora da área de estudo.
De tudo o que foi dito, convém recordar que partimos de uma simples constatação: as inundações podem prejudicar a saúde das pessoas. Este capítulo lança mais luz sobre as principais causas das doenças relacionadas com a água. Centra-se numa análise do impacto das águas pluviais na saúde dos residentes locais, bem como numa análise da falta de sensibilização da população para a higiene e o saneamento como causas das doenças relacionadas com a água. Finalmente, em , este capítulo analisa os agentes responsáveis pela transmissão de doenças relacionadas com a água e discute algumas das doenças recorrentes observadas na nossa área de estudo. Para o efeito, é necessário conhecer a fisiopatologia destas doenças, o que remete para a tipologia ou caraterísticas doenças relacionadas com a água.

III PARTE

PERCEPÇÃO, PONTO DA SITUAÇÃO, ESTRATÉGIAS DE RESILIÊNCIA FACE ÀS INUNDAÇÕES E DOENÇAS RELACIONADAS COM A ÁGUA

TERCEIRA PARTE: PERCEPÇÕES E SITUAÇÃO ACTUAL, ESTRATÉGIAS DE RESILIÊNCIA FACE ÀS INUNDAÇÕES E DOENÇAS RELACIONADAS COM A ÁGUA

A segunda parte do nosso trabalho incide sobre os factores determinantes dos riscos hidrológicos e das doenças relacionadas com a água. Após a análise, é de notar que os problemas de inundação nos bairros de Abena, Atrone, Amtoukoui, Ambata e Boutalbagara são reais. Por conseguinte, a nossa atenção centrou-se nas repercussões que as inundações podem ter na saúde dos residentes. Conhecendo estes diferentes processos, o objetivo desta terceira parte é compreender a perceção que a população tem dos riscos hidrológicos e das doenças relacionadas com a água e, em seguida, propor estratégias a adotar para resistir eficazmente às doenças que isso gera. Esta parte está estruturada em dois capítulos: um que trata da perceção e da situação das doenças relacionadas com a água ao longo do tempo, e o outro que analisa as estratégias de resiliência às inundações e às doenças relacionadas com a água iniciadas pelas populações ribeirinhas.

CAPÍTULO 5. PERCEPÇÃO E SITUAÇÃO DAS INUNDAÇÕES E DOENÇAS RELACIONADAS COM A ÁGUA NA REGIÃO ESTUDO

O nosso capítulo anterior deu-nos uma visão geral das doenças relacionadas com a água e da forma como se contraem. Este capítulo analisa o estado das inundações e a evolução das doenças relacionadas com a água por estação (antes, durante e depois das chuvas). Este capítulo analisa as doenças relacionadas com a água mais prevalentes, de modo a fornecer uma visão geral da sua distribuição.

5.1. INUNDAÇÕES E DOENÇAS RELACIONADAS COM A ÁGUA ÁGUA

Para qualquer projeto de investigação, é muito importante fazer o ponto da situação. Ao fornecer uma visão geral da situação do fenómeno em estudo, constitui um estudo de campo do problema a abordar. Por outras palavras, trata-se de saber qual é a perceção que a população tem das inundações, porque a maior parte das doenças relacionadas com a água nas zonas estudadas são causadas pelas inundações.

5.1.1. Perceção das inundações e das doenças relacionadas com a água pelos na área de estudo

O conhecimento de alguma coisa permite-nos evitar o pior; no entanto, a pessoa que vive na ignorância está sem dúvida a correr para um perigo cuja origem obviamente desconhece. Se uma pessoa que foi avisada de um perigo está sempre exposta a ele, a pessoa que vive na ignorância está ainda mais.

♦♦♦ ***Perceção pública do risco de inundação***

A água está distribuída de forma desigual no território; esta fonte vital é conhecida por todos, uma vez que as inundações são um fenómeno corrente na nossa zona de estudo. É, portanto, percepcionada pela população das zonas estudadas como um todo, mesmo que outros não a enfrentem (em termos de perdas).

Quadro 5. Perceção do risco de inundação

	Força de trabalho	Percentagem	Percentagem válida	Percentagem acumulada
Perceção pública do risco de inundação.	100	100,0	100,0	100,0

Fonte: Inquéritos de campo

A Tabela 5 mostra o conhecimento das inundações entre a população da área de estudo. Os nossos inquéritos de campo revelaram que 100% da população já ouviu falar de inundações. Isto sugere que as inundações são um fenómeno real na nossa área de estudo. Devem ser tomadas medidas públicas para travar este problema.

Embora toda a população saiba o que são inundações, apenas uma parte é afetada pelos danos, com perdas materiais e humanas.

Tabela 6. Influência das inundações na população da área de estudo

	Força de trabalho	Percentagem	Percentagem válida	Percentagem acumulada
1-Sim	64	64,0	64,0	64,0
Variável 2-Não	36	36,0	36,0	100,0
Total	100	100,0	100,0	

Fonte: Inquéritos de campo

O quadro 6 divide a população em duas partes: os que sofreram inundações pelo menos uma vez e os que nunca sofreram inundações. A tabela mostra que, de 100% da população inquirida, 36% nunca sofreram inundações, em comparação com 64% que sofreram inundações pelo menos uma vez.

♦♦♦ *Perceção das doenças relacionadas com a água*

As doenças relacionadas com a água fazem parte da vida quotidiana da população de N'Djamena em geral, e da nossa área de estudo em particular. Embora a maioria dos residentes locais ainda não esteja consciente dos riscos associados às inundações, alguns estão.

Tabela 7. Conhecimento das doenças relacionadas com a água

	Trabalhadores	Percentagem	Percentagem válida	Percentagem acumulada
1-Sim	98	98,0	98,0	98,0
Válido 2-Não	2	2,0	2,0	100,0
Total	100	100,0	100,0	

Fonte: Inquéritos de campo

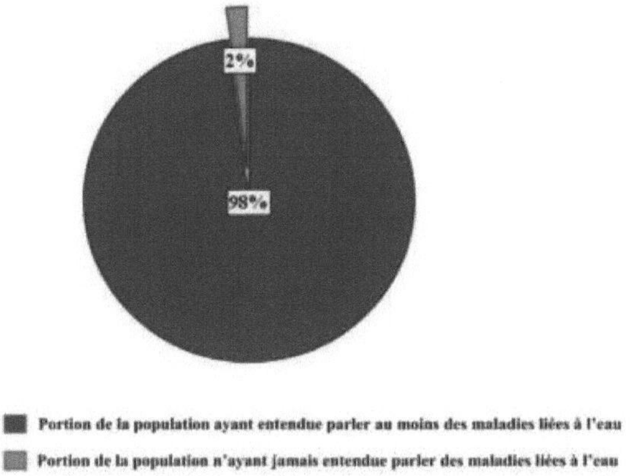

Figura 8. Conhecimento das doenças relacionadas com a água

A Tabela 8 e o diagrama (Figura 12) mostram a perceção das doenças relacionadas com a água pela população da nossa área de estudo. Dos 100 agregados familiares inquiridos, 98% já tinham ouvido falar de doenças relacionadas com a água pelo menos uma vez, contra 2% que nunca tinham ouvido falar.

Um aspeto muito importante a assinalar é o número de pessoas que consultam um profissional de saúde em caso de doença e o número de pessoas que praticam a automedicação. Após os 100

No caso das famílias, a percentagem sugere que o número de pessoas que se automedicam é superior ao das que consultam um médico em caso de doença.

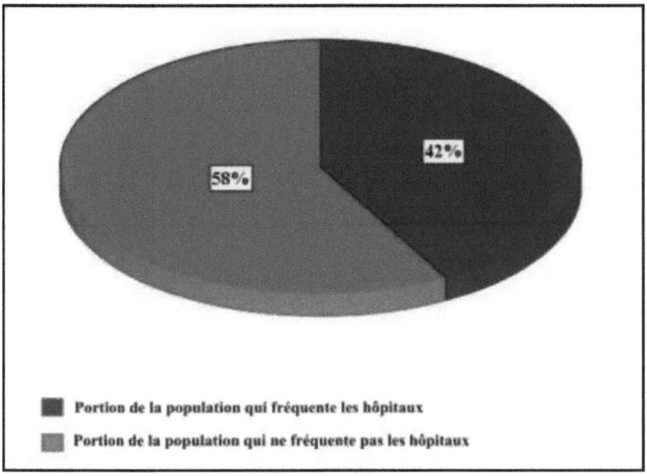

Fonte: Inquéritos de campo

Figura 9. Utilização dos hospitais pela população da área de estudo

[28]*A Figura 9 mostra a distribuição população da nossa área de estudo em termos de automedicação e consultas hospitalares. Verifica-se que a proporção da população que não recorre ao hospital é superior (58%) à dos que recorrem (42%).*

5.1.2. Tendências das doenças relacionadas com a água por estação: estação seca e estação das chuvas

As doenças relacionadas com a água, como o próprio nome indica, são causadas pela água. Mas as perguntas que estamos a fazer são se estas doenças não são observadas na estação seca? Em que altura do ano são mais prevalecentes?

Os nossos inquéritos mostraram-nos o padrão sazonal das doenças relacionadas com a água.

Para compreender a evolução de uma

É importante estudar este fenómeno ao longo do tempo. Decidimos analisar o comportamento das doenças relacionadas com a água durante as estações das chuvas (com cheias) e durante o período de recessão das cheias. A percentagem irá determinar se as cheias foram realmente a fonte das doenças relacionadas com a água, o que explica a viabilidade do nosso trabalho. Tentámos descobrir em que estações do ano as doenças relacionadas com a água se repetem.

[28] Segundo OMS, a automedicação é o tratamento de certas doenças por doentes que utilizam medicamentos autorizados, disponíveis sem receita médica, seguros e eficazes nas condições de utilização indicadas.

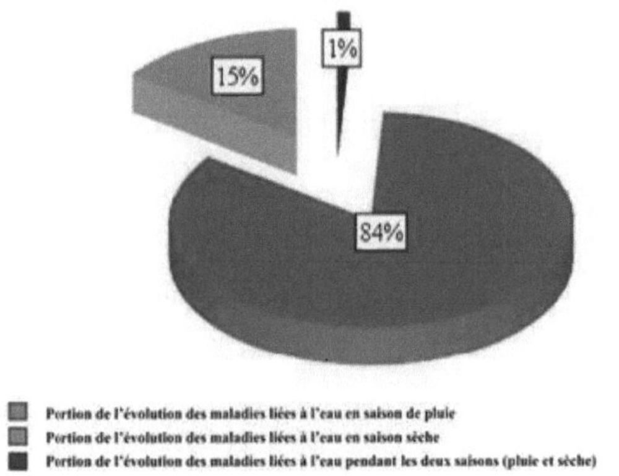

Porção da revolução das doenças relacionadas com a água na estação das chuvas
Porção da revolução das doenças relacionadas com a água na estação seca
Porção de Involução de doenças relacionadas com a água durante as duas estações (chuvosa e seca)

Fonte: Inquéritos de campo

Figura 10. Tendências sazonais das doenças relacionadas com a água

O diagrama (Figura 10) mostra a distribuição sazonal das doenças relacionadas com a água. Por cada 100 indivíduos inquiridos por agregado familiar, ou seja, uma percentagem de 100%, foi colocada a questão da estação do ano em que as doenças relacionadas com a água são recorrentes. De acordo com as variáveis definidas, a análise mostra que 84% da população afirma que as doenças relacionadas com a água são recorrentes durante a estação das chuvas, contra 15% da população que afirma ser afetada durante a estação seca. Os restantes 1% da população afirmam sofrer de doenças relacionadas com a água tanto na estação das chuvas como na estação seca.

Para a maior parte da população, estas doenças são transmitidas através da água. Assim, durante a estação seca, não é possível contrair uma doença de origem hídrica. Para alguns, mesmo durante a estação seca, a população está exposta a riscos sanitários causados pela água. As discussões com o pessoal de saúde dos centros de saúde de Abena, Atrone e Ordre de Malte e a consulta dos dados das consultas permitiram constatar que as doenças de origem hídrica são recorrentes durante a estação das chuvas, mesmo se, por vezes, aparecem durante o período das cheias.

Tabela 8. Tendências sazonais das doenças relacionadas com a Гeaи em 2016.

	janeiro	**fevereiro**	**março**	**abril**	**maio**	**junho**	**julho**	**Aoìt**	**setembro**	**outubro**	**novembro**	**dezembro**	**Total**	**Percentagem**
Malária	40	19	45	25	17	60	35	134	255	50	30	70	780	93,86%
Tifoide	2	9	3	3	0	1	1	1	2	1	4	11	38	4,57%
Bilharziose	0	0	0	0	0	0	0	0	0	0	0	0	0	0,00%
Cólera	0	0	0	0	0	0	0	0	0	0	0	0	0	0,00%
Gastroenterite	1	0	0	0	1	0	4	0	0	2	2	1	11	1,32%
Dermatousa	1	1	0	0	0	0	0	0	0	0	0	0	2	0,24%

Verme da Guiné	0	0	0	0	0	0	0	0	0	0	0	0	0	0,00%
													831	**100,00%**

Fonte: Registos de consultas e de cuidados do centro de saúde de Atroné

Tabela 9. Tendências sazonais das doenças relacionadas com a Геан em 2017.

	janeiro	**fevereiro**	**março**	**abril**	**maio**	**junho**	**julho**	**agosto**	**setembro**	**outubro**	**novembro**	**dezembro**	**Total**	**Percentagem**
Malária	30	13	40	21	12	51	72	179	148	51	24	43	684	78,44%
Tifoide e	4	1	2	0	11	3	11	41	23	7	3	2	108	12,39%
Bilharziose	0	0	0	0	10	0	0	9	3	0	0	0	22	2,52%
Cólera	0	0	0	0	0	0	0	0	0	0	0	0	0	0,00%
Gastroenterite	0	0	1	0	0	2	6	2	1	0	0	1	13	1,49%
Dermatoses	1	0	0	0	0	4	9	20	7	1	2	1	45	5,16%
Verme da Guiné	0	0	0	0	0	0	0	0	0	0	0	0	0	0,00%
													872	**100,00%**

Fonte: Registos de consultas e de cuidados do centro de saúde de Atroné

Tabela 10. Tendências sazonais das doenças relacionadas com a água em 2018

	janeiro	**fevereiro**	**março**	**abril**	**maio**	**junho**	**julho**	**Aoi ìt**	**setembro**	**outubro**	**novembro**	**dezembro**	**Total**	**Percentagem**
Malária	13	17	40	207	69	80	97	230	156	65	35	40	1049	67,37%
Tifoide	1	4	1	3	7	1	10	57	10	5	1	3	103	6,62%
Bilharziose	0	0	0	0	0	0	0	129	0	0	0	0	129	8,29%
Cólera	0	0	0	0	0	0	0	0	0	0	0	0	0	0,00%
Gastroenterite	1	0	4	6	1	4	9	3	1	7	0	5	41	2,63%
Dermatoses	1	0	11	20	2	10	21	127	24	6	0	13	235	15,09%
Verme da Guiné	0	0	0	0	0	0	0	0	0	0	0	0	0	0,00%
													1557	**100,00%**

Fonte: Registos de consultas e cuidados do centro de saúde de Abena

Quadro 11. Tendências sazonais das doenças relacionadas com a água para 2019

	janeiro	**fevereiro**	**março**	**abril**	**maio**	**junho**	**julho**	**agosto**	**setembro**	**outubro**	**novembro**	**dezembro**	**Total**	**Percentagem**
Malária	60	35	6	40	43	47	150	138	91	90	100	84	884	81,18%
Tifoide e	10	9	1	5	7	9	2	3	2	12	13	29	102	9,37%
Bilharzios	0	2	0	1	1	4	7	15	3	0	0	0	33	3,03%

e														
Cólera	0	0	0	0	0	0	0	0	0	0	0	0	0	0,00%
Gastroenterite	0	1	0	0	0	0	0	0	0	0	0	0	1	0,09%
Dermatoses	1	2	0	1	1	0	9	50	0	1	0	0	65	5,97%
Verme da Guiné	0	0	0	0	0	0	0	1	3	0	0	0	4	0,37%
													1089	**100,00%**

Fonte: Registos de consultas e cuidados do centro de saúde de Abena

As Tabelas 8, 9, 10 e 11 mostram a evolução sazonal das doenças relacionadas com a água ao longo de quatro (4) anos, nomeadamente 2016, 2017, 2018 e 2019. Verifica-se que as doenças relacionadas com a água são recorrentes durante o período de cheias (maio a novembro). Alguns casos também são registados durante o período de recessão das cheias (dezembro a abril), o que sugere que as doenças relacionadas com a água são contraíveis tanto na estação húmida como na estação seca. Em todos os anos selecionados, observámos uma taxa elevada de casos de paludismo, que dominou sempre, ao contrário das taxas de cólera, verme da Guiné e bilharziose, que foram quase inexistentes.

Em agosto de 2018, o centro de saúde registou uma taxa elevada de bilharzíase, com 129 casos. De acordo com os médicos, foi a primeira vez que esta taxa foi registada. A bilharziose é a segunda doença mais frequente, logo a seguir ao paludismo, e a febre tifoide vem logo a seguir. De acordo com a OMS (2020), o Chade registou 48 casos de dracunculíase (verme da Guiné) em 2019. No centro de saúde de Abena, foram registados quatro casos. A dracunculíase está praticamente erradicada; a doença raramente é fatal, mas os doentes correm o risco de ficar incapacitados durante algum tempo.

As repartições mensais mostram a evolução das doenças relacionadas com a água, e é também importante saber quais destas doenças são recorrentes ou frequentes.

5.2. SITUAÇÃO DAS DOENÇAS RELACIONADAS COM A ÁGUA NA ÁREA DE ESTUDO

5.2.1. Distribuição anual das doenças relacionadas com a água utilizando registos de saúde

Os dados dos registos dos centros de saúde de Abena e Atrone mostram que as doenças relacionadas com a água afectam os habitantes da nossa área de estudo e dos seus arredores. Para além da cólera, que foi quase completamente erradicada nos últimos anos pelas autoridades responsáveis do Ministério da Saúde em parceria com a OMS, a área de estudo é confrontada com casos de malária, febre tifoide, verme da Guiné, dermatite, bilharziose e gastroenterite. Uma análise de séries temporais utilizando dados de quatro (4) anos, 2016, 2017, 2018 e 2019 respetivamente, permitiu-nos estudar a dinâmica evolutiva da doença ao longo do tempo.

estudar a dinâmica evolutiva das doenças relacionadas com a água na nossa área de estudo. O estudo baseou-se mais nos registos de saúde dos dois centros acima mencionados, expressos numa tabela abaixo (tabela 12). **Tabela 12. Distribuição das doenças relacionadas com a água de 2016 a 2019**

Doenças	Ano							
	2016	Para % de	2017	Para% de	2018	Para % de	2019	Para % de
Malária	780	93,86%	684	78,44%	1049	67,37%	884	81,18%
Tifoide	38	4,57%	108	12,39%	103	6,62%	102	9,37%
Bilharziose	0	0,00%	22	2,52%	129	8,29%	33	3,03%
Cólera	0	0,00%	0	0,00%	0	0,00%	0	0,00%
Gastro-Enterite	11	1,32%	13	1,49%	41	2,63%	1	0,09%
Dermatoses	2	0,24%	45	5,16%	235	15,09%	65	5,97%
Verme da Guiné	0	0,00%	0	0,00%	0	0,00%	4	0,37%
Total	**831**	**100,00%**	**872**	**100,00%**	**1557**	**100,00%**	**1089**	**100,00%**

Fonte: Registos de consultas e cuidados dos centros de saúde de Abena e Atrone

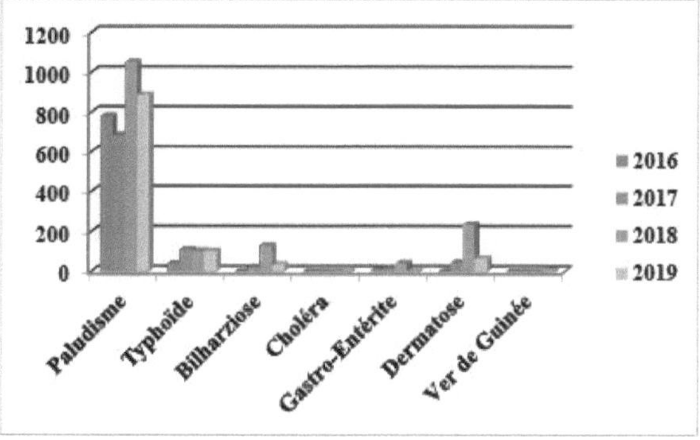

Figura 11. Distribuição das doenças relacionadas com a água de 2016 a 2019.

Os dados recolhidos mostram que as percentagens ao longo do tempo são impressionantes. A taxa de malária é a mais notável, com uma taxa de 93,86% em 2016 e 81,18% em 2019, seguida da febre tifoide e da dermatite, cujos valores mal chegam aos 10%. Outras doenças, como a bilharziose, a gastroenterite e a dracunculíase, representam apenas 4%. A cólera está no fundo da escala, com 0 casos registados durante os anos estudados, repartidos da seguinte forma
(Figura 11) abaixo, mostrando a predominância de uma doença sobre outra outros.

5.2.2. Prevalência de doenças relacionadas com a água

Prevalência é um termo utilizado no sector da saúde para designar o número de casos registados, incluindo tanto os casos novos como os antigos, de uma doença ou de qualquer outro acontecimento médico numa determinada população, num momento específico ou durante um determinado período.

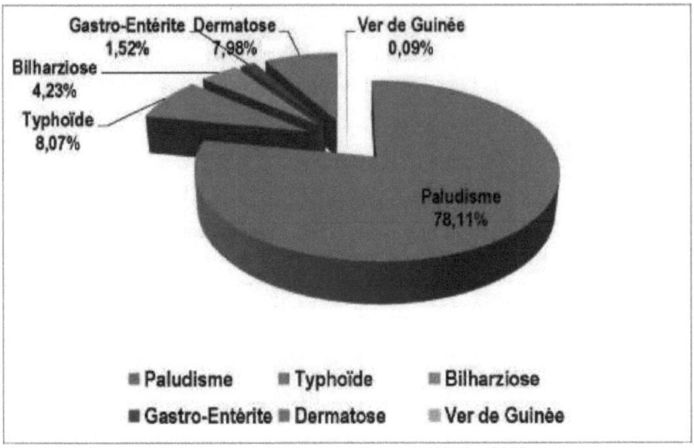

Figura 12. Dominância anual das doenças estudadas entre si de 2016 a 2019.

O diagrama (Figura 12) mostra o predomínio das doenças relacionadas com a água umas sobre as outras. O diagrama mostra que a doença mais dominante é a malária, com uma taxa de 74,11%, seguida da febre tifoide, da dermatose e da bilharziose. A gastroenterite e o verme da Guiné estão quase na mesma linha, e a cólera está ausente. Aproximar-se da população para conhecer a sua versão dos acontecimentos é uma vantagem para confirmar estes dados recolhidos nos registos de saúde dos centros de saúde. É de notar que a maior parte da população se auto-medica. Isto foi feito na secção anterior, mas é de notar que o nosso pequeno inquérito à população-alvo foi muito útil para estudar os casos, a fim de comparar os dados dos centros de saúde.

O objetivo deste capítulo era fazer o ponto da situação para compreender a dinâmica evolutiva das doenças relacionadas com a água. A evolução e o domínio das doenças relacionadas com a água são expressos em quadros e diagramas. A população está muito mais familiarizada com a malária como a principal doença relacionada com a água. No entanto, outras doenças continuam a causar estragos. A que é sempre subestimada é a anemia, que é mais perigosa. Provocou duas mortes em 2016 no centro de saúde de Atrone e uma morte em 2018 no centro de saúde de Abena. A anemia é o paludismo degenerado devido aos parasitas que afectam os glóbulos vermelhos, reduzindo o nível de sangue no corpo humano. Em suma, a gravidade do paludismo conduz à anemia.

CAPÍTULO 6. ESTRATÉGIAS DE RESILIÊNCIA FACE AO O RESSURGIMENTO DAS INUNDAÇÕES E DAS DOENÇAS RELACIONADAS COM A ÁGUA NOS BAIRROS DE ABENA, ATRONE, AMBATA, AMTOUKOUI E BOUTALBAGARA

É verdade que a água é um bem comum porque desempenha um papel vital na sobrevivência humana. É também de grande importância para a economia de um país, pois não só mantém as pessoas a funcionar (evitando a desidratação), como também serve para diversos fins, nomeadamente a agricultura, as tarefas domésticas, entre outros. Mas não se deve esquecer que o seu mau uso pode levar a danos extremos. Distribuída de forma desigual pela terra, tanto em termos de qualidade como de quantidade, a água da chuva tem, na maioria das vezes, provocado muita destruição em todo o mundo e, mais especificamente, na nossa área de estudo. Face aos danos causados pelas inundações e às doenças que daí resultam, o objetivo deste capítulo é propor um certo número de soluções possíveis para complementar as existentes, a fim de limitar a vulnerabilidade da população aos riscos hidrológicos e sanitários. O principal objetivo deste estudo é contribuir para a construção da nossa e participar no seu desenvolvimento sustentável e integrado.

6.1. ESTRATÉGIAS ACTUAIS DE RESILIÊNCIA ÀS INUNDAÇÕES INUNDAÇÕES E DOENÇAS RELACIONADAS COM A ÁGUA NA REGIÃO DE ABENA, ATRONE, AMTOUKOUI, AMBATA E BOUTALBAGARA

As inundações e as doenças relacionadas com a água são as principais questões do nosso estudo. Embora a tónica seja colocada nas doenças relacionadas com a água, considerou-se útil abordar as estratégias de resiliência tanto para as inundações como para as doenças relacionadas com a água.

6.1.1. Estratégias de inundação existentes

♦♦♦ ***Contribuições dos intervenientes na luta contra as inundações***

Para evitar consequências extremas e desastrosas, a gestão das inundações deve envolver os dois lados do problema, nomeadamente os afectados (a população) e os gestores (as autoridades da zona). Estes actores devem trabalhar lado a lado para que a zona deixe de estar sujeita a inundações recorrentes.

As inundações causadas por chuvas intensas têm repercussões e representam um risco para a vida das populações locais e dos seus ecossistemas. Os habitantes da nossa área de estudo são vulneráveis todos os anos e estamos bem conscientes de que as inundações têm graves consequências sociais e económicas. O objetivo deste tema é propor algumas soluções possíveis para reduzir as inundações e estar atento a futuras inundações. Deste modo, será possível contribuir para a segurança pública dos habitantes da zona e ajudar os sectores mais vulneráveis da sociedade.

Há anos que os intervenientes na luta contra as inundações se esforçam soluções possíveis. Perante os danos causados às suas casas, as autoridades chadianas e as organizações humanitárias dão-se todos os anos ao trabalho de falar com os habitantes locais sobre as ameaças. O Chade é frequentemente confrontado com inundações que, mais uma vez, deixam a população desorientada, para não falar do fenómeno SELS, que é o período mais difícil após a estação das chuvas para certos bairros de N'Djamena. [29]O Presidente da Câmara Municipal,

[29] Ordem Nacional dos Arquitectos do Chade

em parceria com o Ministério do Ordenamento do Território e a ONAT , reúne-se todos os anos para propor soluções que ajudem os habitantes a sair da crise. No entanto, estas soluções continuam a ser ineficazes. O organismo diretamente implicado na gestão desta crise é a comuna do 7° arrondissement, mais precisamente o serviço de estradas. A título de exemplo, as acções empreendidas pela ONAT, em colaboração com urbanistas, geógrafos, engenheiros, sociólogos e economistas, para propor várias estratégias para fazer sair as comunas dos 7°, 9° e 10° arrondissements dos fenómenos cíclicos de inundação, inscrevem-se numa perspetiva de saída da crise.

Placa 9. Conferência de imprensa para propor estratégias de controlo das inundações pelo ONAT e pelas partes interessadas urbanas

[30]Foto de Pr Tob-rô (Professor da UNABA)

A partir de 26 de agosto de 2020

A placa 9, composta 4 imagens, mostra a conferência de imprensa organizada pela plataforma reúne ONAT, urbanistas, geógrafos, engenheiros, sociólogos e economistas com o objetivo de propor soluções para as inundações. Estas duas organizações constatam que a recorrência das inundações dos últimos anos, que provocaram grandes perdas de vidas humanas, está a causar enormes prejuízos às populações locais. A falta de responsabilidades instituições do Estado prejudica a questão do saneamento da cidade, sobretudo tendo em conta o aparecimento de iniciativas locais para fazer face às inundações sem apoio técnico. No final da reunião, propuseram várias estratégias, entre as quais o aumento do número de estações de bombagem para a água para o rio Chari ou para bacias periféricas da cidade, e o envolvimento de empresas de construção, parceiros de desenvolvimento técnico e voluntários na limpeza e drenagem de sarjetas para evacuar certas bacias e todas as áreas onde a água é retida. Identificar as zonas não afectadas pelas inundações e propor alojamentos de emergência em tendas ou em contentores para alojar as famílias afectadas.[31]

[32]Para além destas acções, o comité da Association des jeunes pour la riposte contre l'inondation (AJRCI), presidido pela jovem Nétoua Ernestine, mobilizou-se para uma ação de

[30] Universidade Adam Barka, Abéché

[31] Tchadinfos.com/tchad-une-plateforme-propose-des-solutions-pour-sauver-ndjamena-des-inondations

[32] Associação de jovens para a luta contra as inundações

cidadania melhorar as estradas e avaliar o escoamento das águas.

Foto 6. Jovens juntam-se para combater as inundações

Foto: Nétoua Ernestine

Em 28 de agosto de 2020

Nesta fotografia (6), vemos os jovens do bairro, preocupados com o fenómeno das inundações, unidos para o enfrentar. Atravessando os principais bairros afectados, ajudam as pessoas afectadas tanto a evacuar a água como a construir diques para evitar que a água invada as suas casas.

Verifica-se que estas acções, motivadas pela urgência da situação, continuam a ser em grande parte soluções paliativas, limitadas e por vezes arcaicas a médio e longo prazo. Para uma ação mais eficaz e duradoura, é importante que todos os actores implicados na luta contra as inundações, desde o nível estratégico e decisório do Estado até às autarquias envolvidas, se envolvam para fornecer soluções sustentáveis para a nossa zona de estudo.

♦♦♦ Novas defesas contra inundações

Foram realizados vários projectos de desenvolvimento para fazer face ao aumento das inundações. Entre eles, a construção de bacias de retenção e de caleiras nos bairros de Abena e Atrone em 2012. Estas bacias de retenção destinam-se basicamente a recolher a água de outros bairros através das caleiras, que devem orientar o fluxo na mesma direção. Embora a decisão de desalojar algumas das casas construídas nas zonas destinadas à recolha de águas pluviais tenha já sido implementada, foi um verdadeiro cabo de guerra entre os moradores e o governo. O único objetivo destas novas obras de urbanização é proteger a zona de estudo das inundações recorrentes.

Placa 10. Obras nas estradas do distrito de Abena

Crédito da foto: Journal Tchadlnfos

A chapa 10, composta por 3 imagens, mostra obras de urbanização em curso no bairro da Abena. Na primeira imagem, vê-se uma paisagem de casas e árvores ao fundo, e na segunda, uma pequena estrada em construção atual Avenida Formosa). À direita (no canto) da foto, para além de uma Caterpillar, em primeiro plano vê-se uma valeta a ser escavada (que ainda mal começou). Na segunda imagem, por outro lado, vemos uma obra de estrada a ser terminada, lavada pela chuva. Ao fundo, uma paisagem de árvores e, no segundo plano, uma vista da obra a ser engolida pela água da chuva. Finalmente, a terceira imagem mostra uma paisagem de árvores ao fundo e uma Caterpillar a efetuar o trabalho em primeiro plano.

♦♦♦ ***Educar os residentes sobre comportamentos incivis: higiene e saneamento***

Proteger o ambiente para promover o slogan de um corpo saudável num ambiente saudável. Os artistas chadianos juntaram-se para cantar para combater a insalubridade no 7ᵉ arrondissement: Mac Alex, KKJ, Yasmine, Placide e Gladiator.

Foto 7. A coletividade Koulina Sawa[33] para lutar contra a insalubridade

Foto do Youtube: https://youtu.be/ue9oDKXUdgc

[33] Koulina sawa, que significa "todos juntos" em árabe chadiano local.

Esta foto 7 foi captada no âmbito do vídeo sonoro de insalubridade no 7.º arrondissement. Vista de um balcão, paisagem nublada ao fundo, da esquerda para a direita o rapper Kkj, o slammer Placide Ayereh, a cantora Yasmine Abdallah, o cantor Mac Alex e o cantor Gladiator. O coletivo foi criado em 2015 para apoiar a população local na luta contra a insalubridade. De acordo com um membro que nos disse que, devido à falta de recursos adequados para apoiar o projeto, o grupo foi dissolvido. Isto faz parte da falta de estratégias de resiliência existentes às quais queremos acrescentar valor.

Todos os anos, as autoridades recordam aos habitantes as questões de higiene e de saneamento, nomeadamente a necessidade de evitar deitar lixo para as sarjetas. Para o efeito, o governo construiu grandes contentores de lixo para combater a insalubridade. Todos os anos, equipas das autoridades locais percorrem os bairros para remover o lixo e facilitar o bom escoamento das águas. Alguns esgotos são concebidos apenas para as águas pluviais. Outros utilizam-nos para escoar a água das suas casas de banho. No entanto, não devem ser utilizados como caixote do lixo.

Estas acções são positivas para combater e fazer face às inundações. No entanto, continuam a não corresponder às expectativas dos habitantes e das pessoas envolvidas na luta contra as inundações. Constatamos a negligência das decisões dos moradores e a falta de acompanhamento por parte dos decisores. Se gostam de brincar aos médicos depois da morte, nenhum problema será resolvido dessa forma. As palavras devem ser acompanhadas de actos.

6.1.2. Estratégias existentes para as doenças relacionadas com a água

♦♦♦ ***Contribuições dos intervenientes na luta contra as doenças relacionadas com a água***

As doenças relacionadas com a água são um tema recorrente na nossa área de estudo e uma grande preocupação. Os meios de comunicação social estão a falar sobre o assunto e o governo está a sensibilizar as pessoas para os riscos. Visitar

O Ministério da Saúde, através dc vários programas, está a lutar contra as doenças de origem hídrica. Graças a estes esforços, a cólera foi praticamente erradicada em N'Djaména, nomeadamente nos distritos de Abena, Atrone, Amtoukoui, Ambata e Boutalbagara. Este facto exige um esforço concertado para pôr termo a estas doenças recorrentes de origem hídrica. Foram tomadas várias medidas para combater as doenças de origem hídrica, algumas das quais apoiadas pelo Governo e pelos seus parceiros técnicos e financeiros. Em 13 de agosto de 2010, em resposta a um apelo do Governo do Chade, a OMS, através do seu Representante no Chade, Dr. Sai'dou Pathé Barry, forneceu 4,9 toneladas de medicamentos e 1600 redes mosquiteiras impregnadas para apoiar a resposta do Governo às inundações (OMS, 2013). Isto inclui um lote de 2 kits médicos, 2 kits contra a malária e 1 kit contra a diarreia, que fornecerão cuidados de saúde a 20 000 pessoas durante três (3) meses. Os kits são constituídos por medicamentos, equipamentos, etc., que permitirão reforçar a capacidade dos serviços de saúde para fazer face às doenças mais frequentes nestas situações, ou seja, a malária, etc.

A gestão das doenças relacionadas com a água é assegurada pelo Ministério da Saúde, pelo município do 7º distrito e por associações de ajuda aos habitantes afectados por catástrofes e às pessoas vulneráveis, como a Fondation Grand Creur (FGD).

Foi criado um comité de crise, composto por organizações humanitárias e departamentos governamentais especializados, no âmbito do Comité Nacional de Assistência às Vítimas das

Inundações (CONASI). O CONASI depende do Ministério do Interior. Embora tenha sido criado em 1998, o CONASI acaba de ser reativado na sequência das inundações recorrentes da última década. É presidido pelo Diretor da Proteção Civil. Foram criados comités regionais de crise e os agentes humanitários presentes nestas regiões um papel de liderança na avaliação rápida das necessidades. Estes agentes humanitários já acorreram em auxílio de pessoas afectadas por doenças relacionadas com a água em períodos de inundações. A Federação Internacional da Cruz Vermelha lançou um apelo de cerca de 3 026 887 francos CFA para ajudar mais de 105 585 beneficiários em todo o Chade. O OCHA Chade criou uma página especial dedicada a esta crise. [33]

Todas estas acções estão a ser levadas a cabo com o objetivo de encontrar soluções para o aumento das doenças relacionadas com a água que chamaram a nossa atenção. Várias acções estão a ser levadas a cabo pelo Estado para remediar este problema. Entre elas, a construção de centros de saúde para servir os habitantes dos bairros que constituem a nossa área de estudo, a campanha de distribuição anual de redes mosquiteiras impregnadas e o programa de luta contra a malária através da ONG Malaria Consortium.

♦♦♦ ***Sensibilização dos residentes para as questões de higiene e saneamento***

A higiene e o saneamento são formas de combater as doenças relacionadas com a água. Quando vivemos num ambiente saudável, prosperamos, porque não corremos o risco de contrair doenças através da água suja. O governo optou por construir vários caixotes do lixo para evitar que os residentes se rodeiem de lixo doméstico e para evitar deitar lixo para os canos de água. Isto porque a água estagnada pode ser um vetor de transmissão de doenças: os mosquitos. Um exemplo disso foi a criação de uma agência de recolha de lixo doméstico com uma taxa de assinatura mensal de 2.000 francos, dos quais 1.000 francos eram deduzidos para cobrir os custos de funcionamento desta empresa privada. A sensibilização do público para esta prática foi reforçada. Uma melhor compreensão das consequências das doenças relacionadas com a água é um trunfo para o Ministério da Saúde, responsável pela saúde pública, para evitar o pior e pensar em possíveis estratégias ou medidas preventivas. [34]O departamento de estradas do 7º arrondissement percorre os bairros da nossa área de estudo com autocarros, um programa instituído pelo Presidente da Câmara da cidade de N'Djamena para cada comuna: o programa chama-se N'DJAMENA NADIF . Estas medidas foram tomadas com o objetivo de eliminar a insalubridade de todas as comunas de N'Djamena e, consequentemente, de tornar toda a capital N'Djamena uma cidade limpa. O objetivo é sensibilizar e proibir formalmente as pessoas de defecarem nas fontes de água. Muitas pessoas utilizam estas fontes para sair das suas casas, quer em canoas ou a pé. Na área do saneamento, face a latrinas desmoronadas e problemas de água contaminada, o UNICEF forneceu 3 kits de saneamento e cloro para prevenir doenças transmitidas pela água. A UNICEF dispõe ainda de 4.800 caixas de purificação de água (800 em N'Djamena).

- ♦♦ ***Algumas estratégias postas em prática pelos residentes locais***

Perante o recrudescimento das doenças e não podendo ficar de braços cruzados, alguns habitantes da nossa zona de estudo, conscientes dos perigos da má utilização da água, tomaram a iniciativa de pôr em prática um certo número de estratégias de resistência contra as doenças relacionadas com a água. Os nossos inquéritos no terreno permitiram-nos conhecer a atitude dos habitantes face às doenças relacionadas com a água. Apenas 20% da população

[33] *htpp://ochaonline.un.org/chad.*

[34] Significado de limpeza em N'Djamena. Nadif = limpo em árabe local

inquirida tinha adotado estratégias de controlo preventivo. Dividimos estas estratégias em dois pontos:

- **Tratamento da água com lixívia**: alguns habitantes locais, conscientes de que a sua água potável está contaminada pela água dos marigots, utilizam lixívia para tratar a água antes de a beber. A lixívia elimina os parasitas responsáveis pela transmissão de doenças de origem hídrica;
- **Dormir debaixo de redes mosquiteiras**: os mosquitos em N'Djamena não são indiferentes aos habitantes da nossa área de estudo. A água estagnada e as sarjetas junto às casas são locais de reprodução dos mosquitos. A utilização de redes mosquiteiras é a melhor estratégia para algumas pessoas da nossa área de estudo evitarem doenças transmitidas pela água.

Em todos os esforços humanos, há limites, porque apesar de todas estas decisões, algumas pessoas continuam a desconhecer a dimensão das doenças relacionadas com a água. É de notar que os centros de saúde estão demasiado afastados para servir os bairros; o centro de saúde de Atrone gere sozinho os bairros de Atrone, Ambata e Boutalbagara. Outros habitantes queixam-se do custo elevado dos tratamentos hospitalares. Quanto aos profissionais de saúde, queixam-se da falta de acompanhamento das suas queixas por parte do Ministério da Saúde, devido à falta de material de trabalho e ao número insuficiente de efectivos para trabalhar em cadeia e responder às necessidades da população em crescimento.

6.2. ESTRATÉGIAS PARA REFORÇAR AS INUNDAÇÕES E AS DOENÇAS RELACIONADAS COM A ÁGUA NA ABENA, ATRONE, AMTOUKOUI, AMBATA E BOUTALBAGARA

É verdade que foram postas em prática várias soluções pelo governo e pelos habitantes locais para lidar com as inundações e as suas consequências, mas o problema continua existir.

6.2.1. Estratégias de reforço contra as inundações

♦ ♦♦ ***Trabalho de desenvolvimento***

Apesar dos novos desenvolvimentos efectuados pelas autoridades, o problema ainda não foi resolvido. Dado o estado das bacias de retenção, das caleiras e a falta de caleiras em algumas delas, sugerimos como solução possível a manutenção destas bacias, situadas respetivamente nos bairros de Abena e Amtoukoui. A profundidade destes tanques é insignificante (1m no máximo), sendo necessário um pouco mais de escavação para que a superfície possa reter uma quantidade significativa de água da chuva. Os charcos destes dois bairros, por si só, não são suficientes para resolver este problema. Alguns dos charcos dos bairros de Atrone, Ambata e Boutalbagara devem ser convertidos em bacias de retenção adicionais. Não existem esgotos nos bairros de Atrone, Ambata e Boutalbagara. Para além de alguns esgotos feitos pelos habitantes locais para evacuar a água dos seus bairros, não existem esgotos dignos desse nome. [35]É necessário investir recursos na construção de sarjetas para servir estes bairros, tendo em conta o nível da água, uma vez que a inclinação desempenha um papel muito importante na construção de um canal. A direção escoamento também deve ser em direção a uma bacia de retenção ou a um rio. Por conseguinte, é preferível dotar a coletividade de cisternas e de motobombas capazes extrair a água e a deitar no rio. [36]Se fossem construídas

[35] Técnica utilizada pelos engenheiros para construir em zonas onde a água transborda frequentemente. Funciona da seguinte forma: a água é levada para um tubo e observa-se o declive, que se traduz na direção fluxo. O tubo é graduado em cm.

[36] Mais de 10 metros de profundidade, passando por baixo do alcatrão. Estes bairros nunca sofreram inundações

grandes sarjetas dignas desse nome ao longo das estradas de asfalto, como as sarjetas construídas nos bairros de Kabalaye e Ardep Djoumal, a água da chuva poderia circular mais facilmente e a estagnação, principal causa de doenças relacionadas com a água, poderia ser evitada.

Além disso, a população deve evitar construir em zonas destinadas a recolher as águas pluviais (zonas de risco). Devem também respeitar o nível das águas.

♦ ♦♦ *Reforço das medidas de higiene e saneamento*

Não é boa ideia vir brincar aos médicos depois da morte, porque, na maior parte das vezes, as sarjetas são esvaziadas quando a água já está a invadir a população. Mas como retirar o lixo das sarjetas? E onde colocá-lo quando as zonas são inacessíveis? É preferível efetuar trabalhos de remoção do lixo das sarjetas em certos bairros pelo menos 2 meses antes da época das chuvas. Extrair o lixo para que a empresa NADIF de N'Djamena o possa eliminar longe, onde se encontra a lixeira na saída norte de N'Djamena. O lixo nas sarjetas não está lá por si só, mas devido às acções da população. Campanhas de sensibilização e acções de controlo poderiam contribuir para reduzir estas práticas e limpar as sarjetas.

♦ ♦♦ *Aumentar a sensibilização e a compreensão do público*

A tónica deve colocada na sensibilização do público para o incivismo, juntamente com medidas proíbam formalmente o despejo de lixo nas sarjetas. Sensibilizar a população através de campanhas evitar que o lixo polua o ambiente. As sarjetas destinam-se à circulação da água e não são um local de despejo de lixo. É necessário sensibilizar as pessoas para o problema. Se foram criados caixotes do lixo, porquê entupir as sarjetas com lixo? A população tem de se questionar. Nos meios de comunicação social (televisão, rádio, jornais, etc.), nas escolas, em placas na comuna, é preciso promover a questão da limpeza e o inconveniente do lixo nas sarjetas. É verdade que a população ainda não atingiu um nível de sensibilização elevado, mas já estamos a pensar em sensibilizar as pessoas para a cultura do risco.

É necessário criar uma equipa honesta de acompanhamento e controlo para verificar o progresso desenvolvimento e da reabilitação das bacias/canais existentes, a fim de evitar que os fundos sejam desviados. Precisamos de reunir as pessoas que trabalham neste domínio para pensar noutras medidas seguras para tirar a região deste problema recorrente.

6.2.2. Estratégias de reforço para doenças relacionadas com a água

♦♦♦ Reforço das medidas de higiene e saneamento

O problema do saneamento básico é grave no Chade, constituindo um importante desafio para a saúde pública. [37][38]O objetivo atual é de 35%, em conformidade com os ODM. Um corpo saudável num ambiente saudável será a palavra de ordem que os habitantes devem defender. Para o conseguir, o saneamento deve estar no centro da nossa vida quotidiana, pois previne muitas doenças. Lutar contra a defecação nas fontes de água ou perto delas através de medidas de proibição rigorosas.

♦♦♦ Outras medidas ou estratégias de saúde

Depois de uma visita aos centros de saúde, pedimos mais material de trabalho (camas, macas e outros instrumentos de trabalho) e que a farmácia, que continua a ser deficiente, seja abastecida de medicamentos para tratar os doentes. Mais pessoal de saúde, porque o número de doentes é superior ao número de pessoal. Para compensar este número limitado de pessoal,

---

desde que as sarjetas foram construídas.

[37] Ministério da Água e do Saneamento

[38] Objectivos de Desenvolvimento Sustentável

é necessário recrutar profissionais de saúde competentes e distribuí-los equitativamente pelos centros de saúde das zonas em causa. Do mesmo modo, o custo dos cuidados de saúde deve ser reduzido para garantir o acesso generalizado da população. Para as pessoas que vivem na zona de estudo, nem todos têm meios económicos para serem tratados num hospital. O próprio objetivo da de centros de saúde públicos é permitir que as camadas mais pobres da população tenham acesso aos cuidados de saúde. [39]No entanto, a realidade é que isso ainda não acontece, e a população acha melhor procurar tratamento nos tchoukous . Mesmo que a gratuitidade dos cuidados de saúde continue a ser um problema, o custo das consultas e dos tratamentos deve ser reduzido.

A este facto acresce o problema da distância geográfica dos centros de saúde em relação às zonas residenciais. Na nossa zona de estudo, composta 5 bairros, 2 bairros não têm centros de saúde. Não precisarão eles também de tratamento? A resposta é dada na figura (13) abaixo.

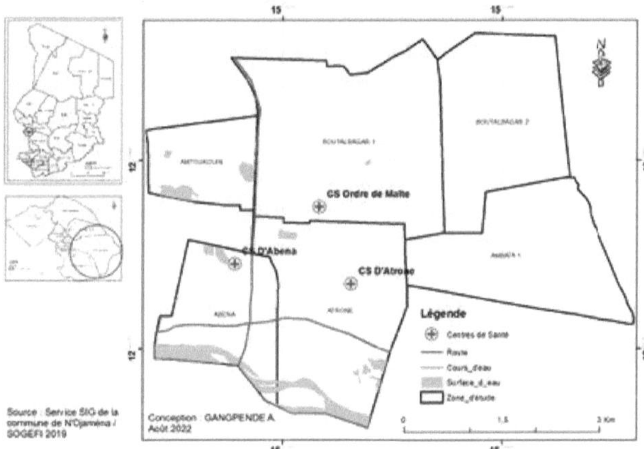

Figura 13. Localização dos centros de saúde

A Figura 13 é um mapa que mostra a localização dos centros de saúde na nossa área de estudo. Neste mapa, temos 3 centros de saúde para 5 bairros, o que coloca um problema. É necessário construir dois centros de saúde

[39] Pseudo-farmacêuticos em árabe chadiano local, que deriva da palavra tchouktchouk que significa desenrascanço.

É necessário construir dois centros de saúde para os bairros de Boutalbagara e Ambata, pois o centro de saúde de Atrone abastece sozinho os três bairros. longe dos bairros de Ambata e Boutalbagara, razão pela qual as pessoas preferem automedicar-se.

CONCLUSÃO

Neste capítulo, depois de analisarmos as estratégias existentes utilizadas pelos habitantes da cidade para lidar com as doenças relacionadas com a água, propomos um conjunto de medidas ou estratégias para reforçar essas estratégias, tendo em conta as soluções possíveis. Para não ficarem indiferentes perante estes problemas, as autoridades locais e os habitantes propuseram uma série de soluções possíveis para controlar as inundações e travar as doenças . As inundações e as doenças relacionadas com a água devem ser vistas como um assunto de todos, e a sua gestão deve ser a nossa luta por um desenvolvimento sustentável e controlado.

CONCLUSÃO DA TERCEIRA PARTE

A situação atual, a prevalência e as estratégias contra as inundações e as doenças relacionadas com a água estiveram no centro da nossa análise nestes capítulos. No final desta secção, é evidente que todos estão conscientes das inundações e das doenças relacionadas com a água, mesmo que o foco continue a ser a malária, que é a doença mais conhecida. O inquérito permitiu-nos ver como a população encara as inundações e as doenças relacionadas com a água. Em toda a zona de estudo, o predomínio de uma doença sobre a outra foi verificado pelos inquéritos no terreno e pelos dados sanitários dos centros de saúde de Abena/Atrone. Estes dados de saúde não contradizem os inquéritos porque confirmam o que a população-alvo disse. Se as inundações e as doenças relacionadas com a água são uma realidade na zona, temos de propor estratégias para ajudar a construir esta zona ou esta comuna no 7º arrondissement.

CONCLUSÃO GERAL

De tudo o que foi dito, discutimos uma abordagem científica que apreende os factores das inundações e das doenças relacionadas com a água e os meios de responder às inundações e às doenças relacionadas com a água através das estratégias propostas pelas populações locais e pelas organizações governamentais e não governamentais. O nosso tema abrange três áreas da geografia, nomeadamente a hidrologia urbana, a geografia da saúde e a geografia comportamental.

O principal objetivo deste estudo é analisar o problema e encontrar soluções para melhorar as condições de vida das pessoas que vivem na zona. Partindo de uma observação feita ao longo de 5 anos sucessivos (2016 e 2020), também pertencente a esta zona, verificámos que o nosso bairro e a sua envolvente estão sempre dentro de água. Foi esta observação que constituiu o primeiro motivo para o nosso estudo de campo exploratório.

Colocámos a nós próprios uma série de questões para descobrir as inundações têm algum efeito na saúde da população. Isto levou-nos a definir o objetivo principal de mostrar se as inundações são realmente a principal causa das doenças relacionadas com a água. Esta análise baseou-se em inquéritos de campo à população-alvo, dados demográficos, dados sobre a pluviosidade e dados dos centros de saúde.

O objetivo do presente estudo é testar as hipóteses que nos .

Vários factores, tanto naturais (variação climática e geomorfologia) como antrópicos (pressão demográfica e expansão urbana), são responsáveis pelas inundações na nossa área de estudo. A combinação destes dois factores agrava a vulnerabilidade da população às inundações.

As inundações nos bairros de Abena, Atrone, Ambata, Amtoukoui e Boutalbagara estão a ter efeitos na saúde humana. As doenças relacionadas com a água nas crianças representam mais de 35% das dez principais causas de consulta em N'Djamena. O paludismo é a doença mais comum, seguida da febre tifoide e de outras doenças enumeradas ao longo do trabalho.

As doenças relacionadas com a água continuam a causar estragos na cidade de N'Djamena. Estas doenças são atualmente consideradas como um problema de saúde pública. A água poluída causar doenças graves.

Isto foi demonstrado pela forma como as inundações afectam a saúde humana. Contração por contacto com água contaminada, contração por vectores de transmissão sem estar em contacto com água contaminada. Estas vias de contração foram demonstradas, assim como os agentes patogénicos que as transmitem e o que é necessário fazer para prevenir estas doenças.

Por último, é de salientar que o lema continua a ser o mesmo: "saúde para todos, um corpo saudável num ambiente saudável" e, para o conseguir, tudo deve ser feito para proteger a população das inundações e das doenças. Para isso, tudo deve ser feito para proteger a população das inundações e das doenças, o que exigirá uma parceria entre a população e as autoridades responsáveis, cuja única arma na luta contra as inundações será "uma gestão controlada e integrada para o desenvolvimento sustentável da nossa cidade".

INTERESSE DO SUJEITO

O objetivo deste estudo é identificar os factores que favorecem as inundações, as doenças relacionadas com a água e as estratégias de resistência a estas doenças.

Do ponto de vista metodológico, o plano de trabalho é elaborado, destacando a documentação, a recolha de dados, a análise e a interpretação dos resultados, que constituem, entre outros aspectos, a abordagem a seguir para produzir um trabalho científico.

De um ponto de vista temático destinado a fins académicos, este trabalho visa acrescentar valor nos domínios da hidrologia urbana, da geografia comportamental, da geografia do risco e da geografia da saúde. Permitirá compreender os factores determinantes das inundações em geral e a forma como estas afectam a saúde da população.

Este trabalho tem um interesse aplicado na medida em que ajudará as autoridades da cidade de N'Djamena, nomeadamente as autoridades da comuna do 7º arrondissement, a dar uma importância particular à extensão das inundações e das doenças relacionadas com a água. Este trabalho constitui uma base de dados na qual serão atribuídas as generalidades e as estratégias de prevenção das doenças relacionadas com a água, a fim poupar a população a inúmeros danos que vão desde simples perdas materiais até à perda de vidas humanas. Os resultados, que colocaremos à disposição do público, sensibilizarão todos para que se tornem actores e não meros espectadores desta luta colectiva.

BIBLIOGRAFIA

Antoine B., Hubert B., Renato S., 2016. *Introduction à la géographie humaine*, Rapport d'enquête, Instituto Tropical Suíço, Edition Armand Colin, Paris, 225 p.

Bakari N., 2018. Inundações no distrito de Bebeni. Tese de mestrado em Geografia, FALSH/Universidade de Ngaoundéré, 140p.

Bétinbaye Y., Goltob M. N., Tchotsoua M., 2015, "Acteurs urbains et gestion de l'eau dans la ville de Sarh (sud du Tchad)", *Syllabus Review, série Ciências Humanas e Sociais, n°6/2015*, p.69-98.

Courrier Afrique n°43 dezembro/janeiro de 2013, p 31 a 35.

Haimes, Y., 1998. Risk management and risk-based decision-making, 8p.

INSEED, 2009. Segundo Recenseamento Geral da População e da Habitação (RGPH2, 2009), 93p.

Jean N.P., 2007. As doenças relacionadas com a água na bacia do rio Volta: situação e perspectivas. Instituto de Investigação em Ciências da Saúde, Ouagadougou, Burkina Faso 86p.

Kovacs Y., Doussin N., Gaussens M., 2017. Risco de inundação e cidades nos países em desenvolvimento. Notas técnicas, 111p.

Matembé M.P., 2015. Atitude dos determinantes das doenças transmitidas pela água em crianças de 0-5 anos. Casos da zona de saúde de Selembao. Universidade Pedagógica Nacional, 69 p.

Mauss M., 2013. *Sociologie et anthropologie,* Paris, les presses universitaires de France, 482p.

Mbayam S. B., 2013. *Morfologia, utilização dos solos e inundações na cidade de N'Djamena (Chade)*, Paris, Edilivre, 152 pp.

Ndilbé M. F., 2018. "Stratégies de résilience dans une ville africaine en crise économique: cas du quartier Boutalbagara dans le 7ème arrondissement de N'Djamena", tese de mestrado-Investigação em Sociologia, Universidade de Ngaoundéré, 184p.

Nguedjo A. P., 2011. Géomatique et analyse de l'assainissement et des risques sanitaires en milieu urbain : cas du bassin versant du mbanya dans la ville de douala. Tese profissional em Geomática, GAGER/Universidade de Ngaoundéré, 102p.

OCHA, 2010. Relatório sobre a situação das cheias #1 25 de outubro de 2010, 4p.

OCHA, 2012. Definition de Scenario Préliminaire Inondations N'Djamena - Tchad, 8p.

OCHA, 2012. Boletim humanitário do Chade, setembro de 2012, 6p.

OCHA, 2021. Visão geral das inundações no Chade, setembro de 2021, 1p.

OIE, 1995. The world organisation for animal health: health standards and international trade, 6p.

OMS, 2006. Estatísticas Mundiais de Saúde.

OMS, 2008. Cuidados de saúde primários, agora mais do que nunca. Relatório sobre a saúde no mundo.

OMS, 1994. Crise da saúde urbana. Estratégias de saúde para todos face à rápida urbanização. Genebra.

OMS, 2000. Links between water, sanitation, hygiene and health facts and figures, pp 1-2.

OMS/UNICEF. 2005. Programa Conjunto de Monitorização para o Abastecimento de Água e Saneamento. Water for Life: Making it Happen. Genebra.

OMS, 2012. Progressos no saneamento e no abastecimento de água.

OMS, 2014. Doenças relacionadas com a água. https://www.who.int/water sanitationhealth/diseases/en/.

Pardé M., 1959. La crue de la seine en Janvier 1955, 368 p.

Picheral, H., 2001. *Dictionnaire raisonné de la géographie de la santé.* Montpellier. Publicado pela Universidade Montpellier, 308 p.

Pierre A., Bernard A.G., 2012. Doenças relacionadas com a água, 7p.

Pierre G., Fernand V., 2006. Dictionnaire de géographie quadrige edição 1979, 250 p.

Relatório de situação https://reports.unocha.org/fr/country/chad/

Razak, A. G. S., 2017. Análise da distribuição espacial das doenças transmitidas pela água em Ngaoundere. Em tese de mestrado em Geografia, FALSH/Universidade de Ngaoundéré-Camarões. 157p.

Sébastien F., Raymonde S., 2006. Spatialité des enjeux de pouvoir et des inégalités : pour une géographie sociale de la santé, Presse universitaire de Rennes, Edition Armand Colin, p 333-349.

Sylvain A., Réné E.D., Olivier V., 2003. *La géographie cotemporaine*, Paris, Chévalier bleu éditions, 128 p.

Tchotsoua M., Bonvallot J., 1993. Fenómenos de erosão e gestão urbana em Yaoundé (Camarões), 14p.

Toponi, 2013. Contribution à l'étude bactériologique de l'eau de boisson vendue en sachet au marché central de la ville de Kisangani, Mémoire inédit, Fac.de Médecine/UNIKIS, 32p.

Webografia

■& Água e saúde: http://www.eau-seine-normandie.fr/ consultado em 21 de abril às 21 horas.

■ & Hidrografia : https://www.universalis.fr/encyclopedie/hydrographie/ Acedido em 21 de novembro de 2019 às 16:30.

■ & http://www.cosmovisions.com/Afrique-Hydrographie.htm consultado em 27 de dezembro de 2019 às 12 horas.

■ www.microbes-edu.org e www.vetbact.org consultados em 22 novembro de 2019.

■ & https://fr.wikipedia.org/wiki/Agent_pathog%C3%A8ne consultado em 17 de agosto de 2020 às 13 horas.

■ & https://www.sante-sur-le-net.com/maladies/maladies-parasites/malaria/). Acedido em 16 de julho de 2020 às 15 horas.

=Φ http://www.inrs.fr/publications/bdd/eficatt/fiche.html?refINRS EFICATT_Paludismo. Acedido em 17 de agosto de 2020 às 13:11.

■ & http://www.microbes-edu.org/etudiant/gastro-enterites.html. Acedido em 17 de agosto de 2020 às 14 horas.

■ & https://www.msdmanuals.com/fr/accueil/troubles-cutan%C3%A9s/pruritus-and-dermatitis/pr%C3%A9sentation-of-dermatitis. Acedido em 17 de agosto de 2020 às 15h/

■ & Tchadinfos.com/tchad-une-plateforme-propose-des-solutions-pour-sauver-ndjamena-des-inondations. Acedido em 23 de setembro de 2020 às 9 horas.

■ & htpp://ochaonline.un.org/chad. Acedido em 23 de setembro, às 9h07.

- & Collectif Koulina sawa no YouTube :
https://youtu.be/ue9oDKXUdgc. Acedido em 17 de dezembro de 2020 às 17 horas.
- & Imagens SRTM: www.Earthexplorer.usgs.gov . Acedido em 17 dezembro de 2019 às 08:24.
- & Manual de doenças relacionadas com a água: www.msdmanuals.com . Acedido em 21 de novembro de 2020 às 12 horas.
- & https://www.who.int/fr/news-room/fact-folhas/detalhes/saneamento. Acedido em 22

As inundações e as doenças relacionadas com a Геаи são grandes desafios para muitas áreas urbanas em África, particularmente no Chade. O 7º arrondissement da cidade de N'Djaména, a capital do Chade, enfrenta estes problemas de forma recorrente, pondo em causa a saúde e o bem-estar dos seus habitantes. Este estudo tem como objetivo explorar as interações entre as inundações e as doenças relacionadas com a Геаи nesta localidade específica, examinando a forma como estes fenómenos se influenciam mutuamente e analisando as respostas e estratégias adoptadas pela população local para fazer face a estes desafios. No centro deste estudo estão as implicações para a saúde e as consequências socioeconómicas das inundações e das doenças transmitidas pela água no 7º arrondissement de N'Djaména. De facto, a ocorrência de inundações pode levar à contaminação da água potável, ao aparecimento de doenças como a malária e a diarreia, e à deterioração das condições de vida dos habitantes. A compreensão desta dinâmica complexa é essencial para o desenvolvimento de estratégias eficazes de prevenção e gestão destes riscos para a saúde.

GANGPENDE Aristide nasceu a 31 de agosto de 1994 em N'Djaména, no Chade. Possui um mestrado em Geografia da Saúde pela Universidade de Ngaoundéré (Camarões) e está atualmente a realizar uma tese de doutoramento na Universidade de N'Djaména (Chade), onde investiga o impacto dos factores territoriais na distribuição da febre tifoide na cidade de N'Djaména, no Chade.

MIX
Papier aus verantwortungsvollen Quellen
Paper from responsible sources
FSC® C105338

Printed by Books on Demand GmbH, Norderstedt / Germany